# 交通空間のデザイン

―土木と建築の融合の視点から―

伊澤 岬 著

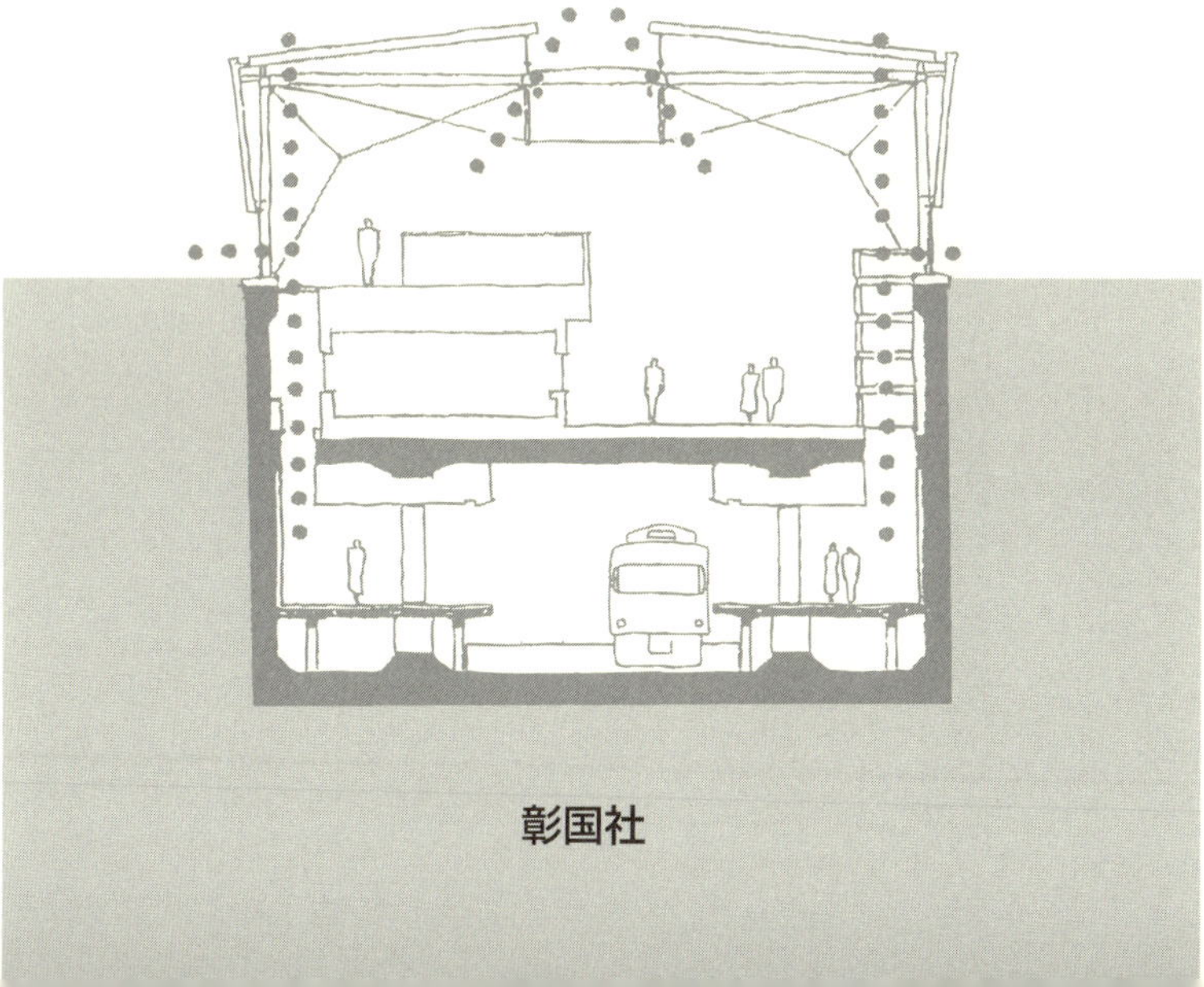

彰国社

# 交通空間のデザイン◉目次

## 序章　土木におけるデザイン化と総合化



## 第一章　運河「水の道」——桂離宮と平等院は運河拠点だった



## 第二章　港「海の道」——失われゆく歴史的港湾と海城の再生

●装丁＝藤本　宿

# 序章

# 土木におけるデザイン化と総合化

## 土木と建築の融合

土木界は近年、デザイン化の時代を迎え、教育のなかにも「歴史」「景観」「デザイン」など、これまでにはない新しいカリキュラムを設置する動きが見られる。

本来デザインとは、バラバラに散乱しているものを一つにまとめること、すなわち総合化することを意味している。もともと建築と違って土木工事のほとんどは行政主導で行われるのが通例だが、この行政が縦割りに甘んじて、これまで総合化を積極的に図ることもなく、また市民の側からも強く主張することもなく、新しい方向性を見い出すことができないできた。

また、そうした一方で、土木デザインの目玉となる橋や街路などの、過剰なまでのデザインが脚光を浴びるという状況を生み出している。私は前者を「土木の内なるデザイン」と呼び、後者を「外なるデザイン」と区別しているが、いずれにしろ土木にこの二つの視点を包含したデザインのあり方が求められていると考えている。

たとえば、レンゾ・ピアノの設計による関西国際空港の空港ビルについて、均整のとれた、しかも独特でしなやかな形態であるとの評価とは対照的に、ほかの施設群は個々別々で統一がないと、当時の日本建築学会会長・内田祥哉氏は指摘している。[*1] そのなかで特に、人工島に渡る連絡橋とコントロールタワーのデザインをその顕著な例としてあげられた。この空港施設建設に携わった当時の最高責任者で、その後土木学会会長となった竹内良夫氏は、内田氏との対談[*2]で、土木界が専門分化しそれぞれの分野が特化してインハウス・エンジニアが進んでいるが、「総合化」というプロセスの問題よりもまず先に「シビル・コスモス（秩序）」という思想を忘れてはならないと、総合化の先の認識を述べている。

いずれにせよ、この関西国際空港の諸施設の建設に「土木の内なるデザインと外なるデザイン」の欠落を見ることができるとともに、土木におけるデザイン化、総合化がさらに建築との関係のなかに求められなければならないことを示しているものと考える。これまでの「土木と建築

＊1　「新たなソフトウェアの領域を開く」（関西国際空港特集号）日経ＢＰ社、一九九四年

＊2　「国土づくりの心とかたち」建設業界一九九四年一月号

の分離・対立」から「両者の融合」の必要が強く求められているのである。戦後、わが国における多くの制度的疲労が噴出するなかで、行政改革が求められ、公共投資の削減もますます進んでいるわけだが、そうした一方で、二一世紀初頭を高度経済成長期に大量につくられた土木・建築物の大リニューアル時代と位置づける、いうなれば建設の時代から改築・改修の時代と見る視点もある。このような今こそ、投資効果の高いいうなれば、市民にとって利便性の高い、国土、都市、交通空間の再構築が強く求められるべきだと思われる。土木と建築の融合は、今後、国土と都市に生活する市民にとって重要な視点といえる。

そして最近、この土木と建築の関係を具体的なテーマに絞っての対談が再び両学会長によって行われた。日本建築学会長・岡田恒男氏と土木学会長・岡村甫氏の対談[*3]で、先の阪神・淡路大震災を契機として進められている耐震設計を例に、土木と建築の融合の現況が示された。これら二人の構造専門家によると、震災後、土木・建築双方の設計の思想がようやく一致しはじめ、今後その手法の統一が求められることになるだろうが、その実現には道のりが遠いとのことである。一般大衆からすると、土木・建築の区別さえ認識されていない二つの分野が、大震災という犠牲を払ってもまだ「融合」への道筋が整わない現実がある。これはまた建設業界でも同様で、一般の人々にとってみれば信じ難いことであるが、建設会社のなかにあっても「土木」「建築」の独立性はきわめて高い。学会、業界における「土木と建築の分離・対立」は、官庁における不合理さをそのまま踏襲しているといえる。

このようななかで、根本となる大学教育が占める位置はきわめて重要であると考えている。ここ一〇年、多くの土木系大学で「歴史」とともにこの「景観」「デザイン」に関する教育がスタートしはじめている。これらの科目のうち、「デザイン」「歴史」は建築系のカリキュラムでは常識的であるが、土木では画期的なことといえる。特に「デザイン」について、「土木の外なるデザイン」とともに「内なるデザイン」の意識が高まれば、「土木と建築の分離・対立」から「両

＊3 「二一世紀の建築と土木」建築雑誌二〇〇〇年二月号

者の融合」に対してデザイン教育が大きく貢献できるものと考えている。

私の所属する学科は、一九九二年より新しいカリキュラムと新しい教員構成によって本格的なデザイン・景観教育がスタートし、すでにデザインの実技教育が積極的に進められている。

ここでは、デザインの実技教育のプロセスを段階的に設定し、第一段階は表現方法の習得（製図・コピー）、第二段階は形づくり（デザイン）、第三段階は総合化として位置づけている。

総合化の教科は主に「構造デザイン」で、交通計画をベースとした設計課題をテーマとして、「計画」「デザイン」とともに「構造」との総合化を求めた。具体的には計画コンセプト、構造計算書とともに具体的な図面や模型を提出する内容である。

また、本格的な総合化を私の研究室に限ってではあるが、ゼミナールの学生に「卒業設計」として求め、さらに大学院修士で「修士設計」としてまとめさせている。

土木の総合化を教育の成果のなかに具体的に示す卒業設計の特筆すべき例としては、歴史的な土木遺産としての評価が高い京都の琵琶湖疏水をあげることができる。そして、その設計者は田辺朔郎（一八六一～一九四四）である。「水の道」、運河の技術は、欧米において一七～一八世紀ごろ完成したもので、その技術を導入して一八九〇年にこの琵琶湖疏水が、同時期に関東では利根運河が完成した。

ちなみに疏水と運河は同義語である。

この琵琶湖疏水は、大阪湾と琵琶湖を結ぶ運河の一部で、一八九〇（明治二三）年に田辺朔郎によって、全長一〇キロメートル、水位差四五メートルの全行程を、水路トンネル三カ所、さらに水位差をクリアして船舶の航行を図るための装置ロック（閘門《こうもん》）二基とインクラインによって完成している。この施設は、水運、飲料水の確保、水路式による電力供給と、これによる市電の開通など、さまざまな近代化の恩恵を京都にもたらした。

現在、京都・蹴上のインクラインにその面影を残すばかりではなく、この蹴上から哲学の道に続く疏水分線沿いにはレンガ積みの一二連の水路アーチ橋、水路閣が南禅寺境内に設置され、今日までその機能を果たしている。この疏水に見るさまざまな技術とこれに伴う施設のデザインの多様性は、土木構造物としての総合的な完成度を見ることができ、近代土木界における貴重な歴史的遺産といえる（図1）。

このプロジェクトは、田辺朔郎の卒業論文からスタートし、本人の手によって建設され、完成に至ったという大きなドラマがあった。

この運河建設については、作家・田村喜子氏による『京都インクライン物語』に詳しい。

今日の土木界に欠けている「総合化」「魅力的なデザイナー」の存在をこの運河建設の歴史と人に見ることができる。そして、この田辺朔郎のたどった歴史のなかに土木教育における卒業設計の必要性と可能性が示されているものと考える。そこで、この伝統を学科のデザイン教育に生かし、卒業設計、修士設計によって再構築しようとするものである。

このような教育を通じて土木が内にも外にも開かれたデザイン化が進み、大学でデザインを学んだ卒業生が土木界の中核となって初めて土木のデザイン化が本格化するものと考える。

ダムやハイウェーから橋梁まで、土木のフィールドは広い。本書は、土木デザインのなかで特に多元的な交通社会をめざしたいくつかの交通手段と、その拠点である「運河」「港」「街路」「駅」「空港」の五つの施設を取り上げて計画・デザインについて論じている。さらに結論として、各交通手段ごとにあるべき方向性をモデル的にビジュアルなかたちで提案した。また、それぞれの提案は特に、多元的交通社会、マルチモーダル社会への変換の視点から、単に各交通手段と拠点を別々に論じるだけではなく、複合的な視点から、土木との身近な境界領域である都市・建築・造園・インダストリアルデザインとの融合の具体化についても各分野の総合化とのなかで示すように心がけた。

これらの提案のなかに、「内なる土木のデザイン」と「外なる土木のデザイン」の具体的な方

**図1　田辺朔郎銅像**／蹴上の京都インクラインを見下ろす公園にて。右手に図面をもつ

法と土木と建築の融合の具体化を示したつもりである。また提案は、現代的なテーマに加え、土木に求められる歴史的な視点を重視するとともに、夢のある未来的な構想も含めた。

さらに、デザインをめざす若い人々には、幅広い知識の必要性とともに、国内外を問わず作品をたくさん訪ねて、その空間を直接体験してもらいたいという思いがある。この体験によって初めて、すぐれた空間の意味が理解できるものと考えるからである。このような視点から各章で「ウォーターフロント」や「地下空間」「立体街路」など関連するテーマを随時設定して、その事例や各施設の設計者を紹介した。また、デザイナーだけでなく、構造デザイナーを取り上げて土木デザイナー像との関連から何を学ぶべきかについても述べている。

いずれにしても、土木のデザインの対象というといまだに橋梁に限定されがちである。そこで若き土木デザイナーの卵たちが、今何を、どのようにデザインすればよいかといった方向性を示すべく、学術的な客観性よりも、主観的な視点をまじえて幅広く論述し、本書の範疇をデザイン論と位置づけることにした。

**車社会から多元的交通社会へ**

加速化する現在、新幹線や高速道路の開通にも匹敵する交通改革が進められようとしている。リニアモーターカーの推進ではない。車一辺倒の社会、いわゆるモータリゼーションの見直しである。

わが国における輸送機関における分担率を見てみると貨物で九〇%、旅客で七〇%以上を自動車が占めるとともに、その割合は年々増加する傾向にある。これは自動車の便利さによることはいうまでもない。しかし、車優先の交通体系は同時に大気汚染、騒音、道路振動といった「環境問題」、そして化石燃料の枯渇という「資源・エネルギー問題」、さらにはいまや日常化した交通渋滞といった「社会問題」を引き起こしている。また、先の阪神・淡路大震災のような震災が発生した場合の交通システムの再考が求められている。特に「環境」「資源・エネルギー」の視点から、これまでの車一辺倒の交通体系を見直す必要に迫られている。

最近では、自動車の排気ガスによる健康被害との因果関係をめぐる訴訟が相次ぎ、尼崎公害訴訟において地方裁判所レベルではあるが、汚染物質中の粒子状物質排出の差し止めを命じる判決がなされている。同様の裁判でも道路管理者に厳しい結果が出るものと予測されている。さらに、この判決結果を先取りするかのようなかたちで東京都は、都内を走るすべてのディーゼル車を対象に、排気ガス中に含まれる粒子状物質を取り除くためのフィルターの装置を二〇〇六年度までに義務づける方針を打ち出している。

このようななかで、一九九七年の「総合物流施策大綱」の閣議決定において、地域間の物質の輸送をトラック、鉄道、河川舟運といった多元的な輸送手段のなかから選択し、交通手段の特性に応じた適切な輸送役割分担が求められるべき、との報告がなされている。国土における交通システムが、モータリゼーションから多元的な交通システムの社会、いわゆるマルチモーダルな社会への変換が求められているといえる。

さらに社会は高齢者や身障者に配慮したバリアフリーの考え方から、これを一歩進めた、だれもが快適に都市施設や交通施設が利用できるようなユニバーサル・デザインへと、「福祉」の空間的概念も拡大する方向にある。

**多元的交通社会のイメージ**

この多元的交通社会の具体的なイメージを、古くて新しい交通手段「水の道」の再興と新設の例を通して考えてみたい。

⑴ストラスブールの「水の道」復活と「路面電車」の新設

マルチモーダルな社会の表れの一つに、路面電車の復活の動きをあげることができる。これまでの路面電車と違い、弱者に配慮して乗りやすい車体、いわゆるユニバーサルなデザインをめざした超低床車で高性能タイプの路面電車（ライト・レール・トランジット、以下「ＬＲＴ」）の出現でブームが加速した。熊本ではすでに導入済みで、広島、岡山、岐阜、長崎でも路面電車の延伸、新設が検討されている。ＬＲＴの路面電車は、無公害で、高齢者や身障者にも対応でき、バスより輸送量が多く、何よりも地下鉄や新交通システムに比べて建設費が格段に安い点などで見直されている。

フランスの古都ストラスブールでは、古い都市景観のなかに溶け込んだ、路面電車のスマートな車両と現代的なターミナルの出現が話題を呼び、マスコミにも幾度か取り上げられている（図2）。ストラスブールという都市名はもともと道がたくさん通じている街という意味で、これはまた「水の道」が多く結節する街であることをも表している。ドイツとの国境となるライン川をはじめ多くの運河が集まり、旧市街を「水の道」が環状に取り囲んでいる。この「水の道」、運河における観光クルーズは、路面電車の新設に先んじて復活している（図3）。古都ストラスブールは、「水の道」と「路面電車」によって多元的な交通システムによる新しい街づくりを進めているわけで、「路面電車」のみの視点だけでなく、マルチモーダルな交通システム変革の視点で見ることもできる。

### ⑵ヨーロッパにおける「水の道」ネットワークの再構築

日本で大量の電力を必要とするリニアモーターカーの実用化をめざす開発が話題になったころ、ヨーロッパではマイン・ライン・ドナウ運河が開通した（図4）。これによって、大西洋岸のオランダのロッテルダムからヨーロッパを大きく横断して黒海までの約二〇〇〇キロメートルが「水の道」で結ばれた。すでに、舟運を消滅させてしまった日本人の感覚からするとなんと時代遅れなと、「リニア」に未来を、「舟運」に歴史的な古さを感じるのが一般的である。

この運河は、新しい世紀における国際秩序の再構築をめざすＥＵ統合をにらんだ人・物・資金

図2　古都ストラスブールの「路面電車」と円形ターミナル

図3　古都ストラスブールの「水の道」観光クルーズ

の流れによる活性化の一つとして考えられており、ヨーロッパ内陸水運における再構築の枠組みのなかで、ダイナミックな水路の整備と新設が現在着々と進められている。この運河の拡張は、経済的な側面のみならずモータリゼーションのもたらした環境、資源・エネルギーに対する反省の側面も同時に有している。

日本と並んでリニアモーターカーの開発に力を入れてきたドイツでは先ごろ、環境・財政難を理由に、もっとも可能性の高かったベルリン路線の実施中止が決定された。時代はまさにこれまでの交通システムを大きく見直す方向に進んでいる。

### (3)歴史遺産・ミディ運河における「水の道」「鉄の道」「高速道路」の共存

南フランスのミディ運河は、両洋運河と称されるように、大西洋と地中海の二つの大海をつなぐ運河で、一六五一年、一五年の歳月をかけて完成した。今日では近代運河における歴史遺産的存在で、観光・レクリエーションを中心に活用されている。

この運河のクルーズ出発点の一つとなるツールーズ駅には、運河建設の発案者ポール・リケの銅像が設置された駅前広場に運河が走り、「水の道」の駅となるハーバーが鉄道駅と直結している。このように「水の道」と「鉄の道」という異種の交通のスムーズな結節が昔から図られてきたのである。これはツールーズ駅に限らず同じミディ運河沿いのカルカソンヌ駅でも同様であった（図5）。

高速道路から直接アクセスできる観光拠点を形成しようとする日本の「ハイウェーオアシス構想」導入の手本は、このミディ運河に近年設置されたポート・ロラージにおける交通・観光拠点のコンセプトを参考としている（図6）。これは、「水の道」のハーバーと「高速道路」のパーキング機能を併合し、ここにレストラン、ホテル、博物館、物産館などの観光施設を集積して、今までにないマルチモーダルな新しい交通・観光拠点を形成しようとするものである。しかし、これを手本とした日本の「ハイウェーオアシス構想」は、なんと高速道路のみからのアクセスに限

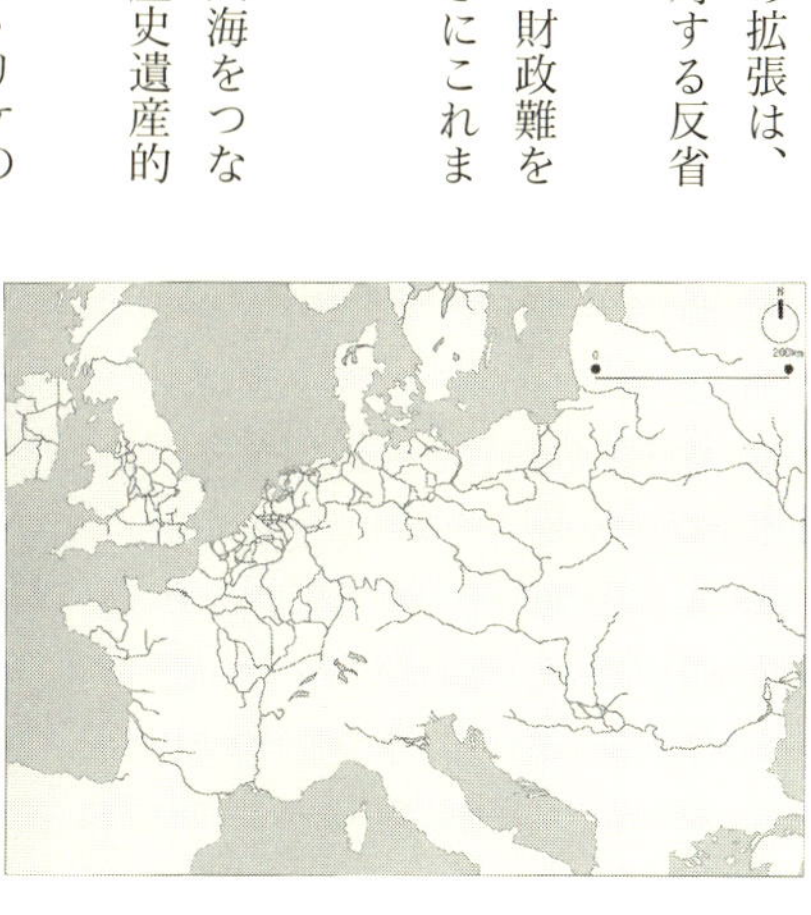

図4　ヨーロッパ運河マップ

図5　ミディ運河（手前）に駅前広場を介して直結する「鉄の道」カルカソンヌ駅

定したこれまでの車社会一辺倒の考え方による観光スポットにとどまっており、多元的交通手段の共存という視点が大きく欠落している。

### ⑷東京駅における幻の「水の道」

最後に、日本を代表する駅舎としての東京駅は、よくアムステルダムのセントラル駅との共通性において話題となる。しかし、駅としての相違は明確である。第一にホームを覆うダイナミックな大空間の有無、第二に駅の交通結節点としての充実で、アムステルダム駅は「水の都」の象徴として駅前広場を介して「水の道」、運河によって市内と直結している（図7、8）。単に建物の古典的な外観の共通性だけを取り上げると、交通空間としての駅の本質を見失うことになる。

東京駅は日本橋川に近いばかりではなく、八重洲口に面した外堀通りはかつて城渡河岸と呼ばれる運河であった。一九一四（大正三）年に開業した東京駅は、手許にある一九二五（大正一四）年の一万分の一の地形図を見ると、駅とともに運河の存在が認められる。この堀が埋められたのは、終戦直後のガレキ処理によるものである。このように東京駅周辺は江戸時代から水運の重要な結節点であったが、「鉄の道」導入にあたって、「水の道」との共存が連綿と図られてきたヨーロッパの鉄道駅におけるマルチモーダルな考え方とは違う道を歩んできたことを象徴しているといえる。

残念ながら、セントラル・ステーションとしての東京駅には、都市における異種の交通との結節とスムーズな移動の認識が高くなかったといえる。

また車一辺倒の社会から多元的交通体系の導入で、もっとも興味を引くところは、交通結節点における新たな空間の創出とこれに伴うデザインの可能性である。これまでのように駅をはじめ、空港ターミナル、客船ターミナル、バス、路面電車、車がバラバラに集合した交通結節点から、人々の移動がスムーズに行えるような有機的な交通空間が求められている。このことは、個々の建築から交通施設、都市施設を総合的にとらえる視点が求められることでもあり、土木の

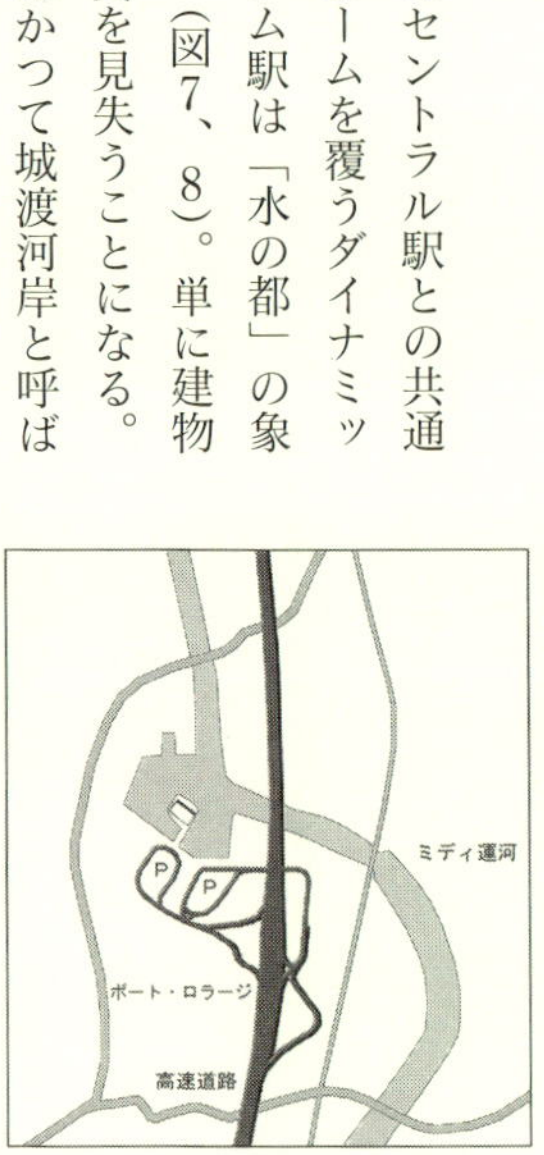

**図6 ポート・ロラージ／**「水の道」のハーバーと「高速道路」のパーキングが結節した交通・観光拠点

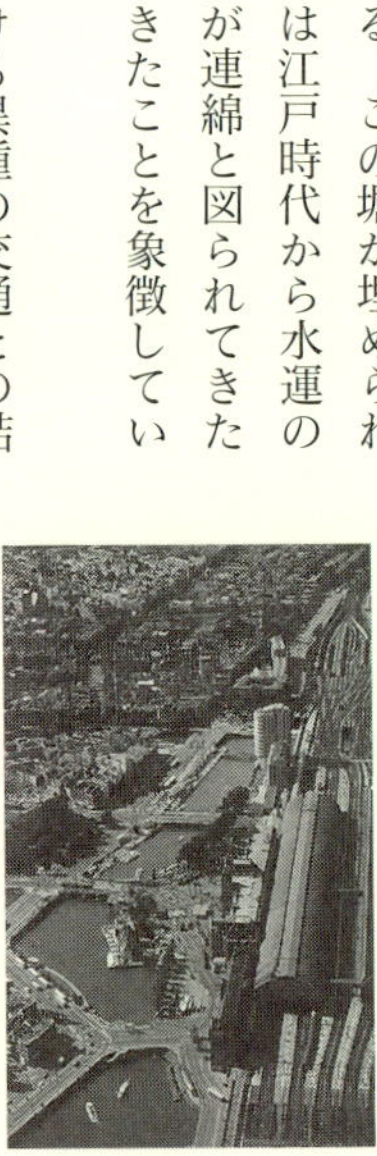
**図7 アムステルダム駅と駅前のハーバー／**ホームを覆うアーチ構造の大空間

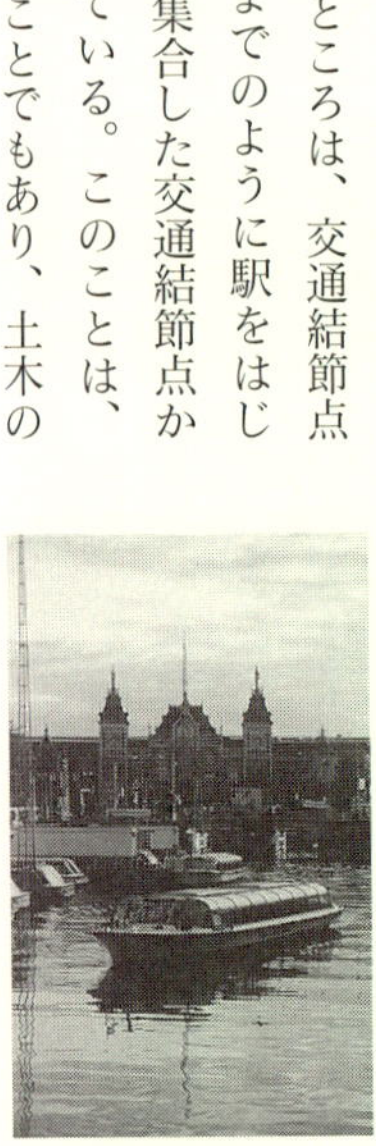
**図8 ハーバーから見たアムステルダム駅**

総合化とともに、土木と建築の融合が必須となる。

## バリアフリーからユニバーサル・デザインへ

車一辺倒の交通体系の社会から多様な交通手段を有する社会への変換の動きは、徐々に表面化し、さらに現実化してきた。階段を何度も上がり下りすることが強いられ、乗り継ぎに不便な駅の改善が、鉄道会社間の協議による鉄道事業法の改正によってようやく義務づけられることとなった。さらに現在、法律の面から交通施設の総合的な見直しが進められようとしている。いわゆる「交通バリアフリー法」で、正式には「高齢者、身体障害者等の公共交通機関を利用した移動の円滑化の促進に関する法律」でその策定が現在進められている。これは高齢者や身体障害者が公共交通機関での移動の利便性や安全性を図るため、鉄道駅などの旅客施設や車両について、公共交通事業者によるバリアフリー化を推進するとともに、鉄道駅などの旅客施設を中心とした一定の地区において、旅客施設、周辺の道路、駅前広場などのバリアフリー化を一体的に推進する趣旨の法律である。まさに車両のデザインから土木・建築・都市を総合的にとらえた視点といえる。

さらに、これまでのように高齢者や身障者に配慮し、都市・交通施設からじゃまになる障害物を取り除くという消極的な考え方となるバリアフリーの考え方ではなく、子どもや妊産婦、高齢者予備軍となるあらゆる人々に対しても快適な環境としてのユニバーサル・デザインという、さらに一歩進んだ視点に立って、都市施設や交通施設の再構築が求められている。また都市施設に加えて、観光地におけるバリアフリー化の整備も進められようとしている。バリアフリーやこのユニバーサル・デザインの具体化は、地方公共団体が進めている福祉のまちづくり条例に見ることができる。対象とするその空間概念は、建物から建物付属の駐車場、さらには道路、公園と対象が大きく広がっている。これは、前述した多元的交通結節点における人々のスムーズな移動の

**図9　東京駅**／辰野金吾設計の駅舎とそれぞれ孤立したホーム空間

必要性とも一致する視点である。

このように今後、交通空間における「福祉」についての課題はますます大きくなるだろう。とはいっても、裾野の広い土木の分野で、交通をフィールドに限ってみても多面的にとらえなければその全体像が見えてこない。そこで、交通手段とその拠点を、先にあげた五つのキーワードを軸にしながら各章において次のように取り上げた。

《第一章》多元的な交通手段を有する社会のモデルとして、わが国の古代より国土のスーパーハイウェーとして機能し、古代都市建設に大きく貢献した「水の道」の復興を、京都を中心とした淀川水系を軸に、淀川・水の回廊構想として提案した。

この淀川・水の回廊構想では、「水の道」復興のための土木技術的な提案とともに、特に運河に直結したいくつかの新しい運河拠点を提案している。

まず、この運河拠点の魅力を歴史的な視点から考察して、桂離宮を運河拠点としてとらえるとともに、先に紹介した田辺朔郎による近代の琵琶湖疏水に至る京都における歴史的な「水の道」建設の流れを概観した。

桂離宮が、桂川の氾濫を前提とした建築的対応のなか、世界に誇るべき魅力のある建築として生み出されたプロセスを、土木と建築の融合の視点からとらえてみた。また、同じような視点から宇治の平等院についても論じている。この桂離宮と平等院は運河に直結した、いわば運河アミューズメント拠点と考える視点であり、今後新たな運河拠点を計画するうえで多くの示唆を与えてくれるものと考えている。さらにこの二つの建築を「土木と建築の融合」の歴史的象徴としても論じている。

また、現代の新たな運河拠点のイメージを「運河」を計画コンセプトするテーマパークや商業施設のなかに見い出し、これらを疑似運河拠点として位置づけて紹介している。

また、ヨーロッパでは、ＥＵ統合の具体的な手段となる交通システムのなかで、この「水の道」の再構築がダイナミックに進められている。具体的には、一三五〇トンクラスの船が合理的に航行できるよう、水位差をクリアするロックの建設、合理的なルートの整備であり、その象徴が先に述べたマイン・ライン・ドナウ運河の開通ともいえる。このような欧米における最新の運河の技術と、これに裏付けられた運河クルーズのアメニティを最後に紹介したい。

《第二章》沖縄の那覇港を取り上げて、歴史的港湾の再興を提案した。この那覇港は、すでに復元された首里城と対をなして古琉球王国の首都那覇の都市空間を構成してきた。

かつて日本の沿岸域には、歴史的な沿岸施設として港湾と都市が合体した「海城」が多数存在していた。城ではあるが機能的には都市であり、いわば軍事都市といえる。しかし、わが国の沿岸域は特に戦後の開発によって自然のまま存在していた海岸が減少するとともに、この海城、いわば歴史的海洋都市の存在を後世に伝えることが困難な状況にあるといえる。海岸から自然を失うばかりでなく沿岸ならではの文化遺産までをも失いかけている。特に、文化遺産としての海城に対する認識は一般にきわめて低いといえる。

このようななか、戦争の傷跡を癒すこともできない政治体制下において、歴史的港湾ならびに、歴史的海城の遺跡を、金網に囲われた那覇軍港に垣間見ることができる。首里城と対となるこの那覇港を歴史的港湾として蘇らせるため、大学院生が修士設計「那覇アジア交易拠点計画」を提案した。

この提案は、単に歴史的港湾再興にとどまらず、沖縄の基地をどう考えるか、軍港の代替地をどうするかという問題にも答える義務を負うことになる。本案は沖縄の「らしさ」の伝承を首里城と対になる歴史的港湾の復元によって示そうというものであるが、一方で本土の人間の勝手な提案であることを、心しておかなければならないと考える。

さらに、首里城に代表される沖縄の伝統的な建築を、日本建築における特徴的な系譜の一つとして認識し、これまで一般的であった二元論に対して「桂的建築」「出雲的建築」に加えて「沖縄的な建築」による三元論的視点から論じた。

また、沖縄における沿岸域の提案にあたり、わが国一九八〇年代におけるウォーターフロント開発ブームの成果について、そのブームの去った今日、「デザイン」「技術」「規模」の視点からその歴史的評価を加えた。これらの分析から、那覇港再生に際して求められたウォーターフロント開発におけるデザインのキーワードを導き出している。

《第三章》 国際化のなかで日本がもっとも誇れる交通施設はいったい何かと考えた。たしかに新幹線のシステムは誇れるが、それに見合う文化は果たして生まれたであろうか。このような視点に立つと、『江戸の街はアーケード』と鈴木理生氏が著したように、当時世界有数の大都市・江戸の街路空間こそが歴史的に大きな成果の一つではないかと考えられる。そしてさらに、高齢者社会に向かうわが国において、もっとも重要な交通施設である歩行空間としての街路の充実が強く求められている。

このような視点から街路空間を彩る今日的な施設について、著者が取り組んだ構想として「リビング・ブリッジ」「ペデストリアン・デッキ」「ストリート・ファニチュア」を取り上げた。街路は交通空間のなかで、もっともヒューマンなスケールが求められる場であり、これまでの画一的な街路空間に多様性、空間性、創造性の向上を強く感じたためである。また、その具体的なイメージを螺旋スロープ、螺旋階段などを「立体街路」として取り上げて街路空間への応用を提案している。

「リビング・ブリッジ」は、橋を建築化するという土木と建築の融合的な視点に立った、もっとも具体的な例の一つとして取り上げた。リビング・ブリッジの国際的な展示会が企画され、本学科の学生の作品が展示された。また、横浜港国際客船ターミナルのコンペで求められたターミナルの長い送迎用のデッキをアーチ構造で吊り、このアーチ構造のなかにターミナル全体を内包したリビング・ブリッジとして提案した。

次に「ペデストリアン・デッキ」である。発掘が進む青森県・三内丸山遺跡は現代人に古代の都市施設の充実を強く印象づけた。この遺跡に隣接して芸術パークが企画され、このパーク内のインフラストラクチュアとして古代人に負けない雪国・青森の都市施設の一つとして冬期対応型の歩行者空間「チューブ」を提案するとともに、都市のインフラストラクチュアとしての連続性の必要を述べた。

「ストリート・ファニチュア」は、ベンチ、照明灯、案内板のストリート・ファニチュアのデザインコンペにおいて、対象地となるオリンピック開催に向けた大阪のアイデンティティを、〈アジア〉と〈伝統〉による未知への躍動と設定し、デザインテーマとしてアジアモンスーンを象徴する〈竹〉〈笹〉をモチーフに提案した。結論として、この街路におけるストリート・ファニチュアのベーシックデザインの必要性を、街並みにおける建築様式のベーシックデザインの必要性とともに土木と建築双方の視点から述べた。

《第四章》 著者が設計に携わった東葉高速鉄道線、船橋日大前駅を設計して明らかになったことがある。土木と建築の役割分担において、土木は躯体（インフラ）、建築は仕上げ（化粧）ということであり、この縦割り的発想が駅における魅力的な空間創出の可能性を大きく妨げてきたと実感した。そこで、この船橋日大前駅の設計では、この駅を土木と建築の融合モデルとして位置づけ、駅は駅舎ではなく都市でなければならないという理念を掲げ、この設計の具現化のプロセスを述べた。

また、この駅と同時期に完成し、現在もさまざまな論議の渦のなかにある京都駅のあるべき理想像を新京都駅として提案している。ここでは、日本の駅は京都駅に代表されるように駅舎の機能が特化する一方で、賑わいの中心となるべきホーム空間の貧弱さを明らかとしている。これは、ヨーロッパから鉄道の技術は輸入しても、駅をすべての人にとっての「待つ空間」と考えるような文化を取り入れず、「管理する空間」としてとらえてきたことに起因していることを述べた。

そして最後に、船橋日大前駅とともに完成間近な都営地下鉄一二号線（大江戸線）の二つの駅についての設計プロセスを述べた。これらの駅のデザインコンセプトとしてかかげた地下空間における「環境装置体」のイメージを、これと対となる「異空間」のイメージとともに事例によって示し、このイメージをどのようにデザインの段階へと発展させたかについて述べている。また、船橋日大前駅の設計において重要な存在であった構造デザイナーについて作品とともに紹介し、土木デザイナー像との関連のなかで述べた。

《第五章》もっとも国際性が求められる交通施設としてのわが国の空港、港湾はもはや国際的に二流、三流との指摘がある。このような指摘からもあるように、計画的にもデザイン的にも魅力ある施設は少ないといえる。鉄道と違って、今後も国際競争の矢面に立たされることとなり経済的にも厳しい状況である。このようななか、地方都市にどんどん空港が開設されている。どの地方空港も国内便はもとより国際便の獲得に躍起となり、その施設はジェット機に対応できる大規模な施設となっている。このように地方都市に国際空港が多く開設するなかで、国際的なハブ空港となる空港が存在していないのが現状である。

南の楽園、小笠原にも同じような発想で、中型ジェット機による空港建設が進められた。これによって日に何千もの人が集まるようになるが、観光客のための食料や水が不足してしまう。そこで、島の供給力に見合った交通アクセスを考えるべく、水上飛行艇による海上空港を卒業設計において提案した。画一的なわが国における空港建設の発想からもっと自由な発想が遠距離地、離島の交通を通して生まれ、革新的な向上をもたらすものと考えての提案である。

そうした一方で、ヨーロッパの駅を覆っていた大空間が今、世界の空港ターミナルに続々と出現している。これまでのエアターミナルに代表される「ビルディングの時代」から「空港都市の時代」を迎えつつあることを示している。歴史の浅い空港には、時代や技術の変化に対応できる柔軟な計画とデザインが強く求められている。このようななかで、それぞれの世代の空港出現に貢献した二人の空港デザイナーをその作品とともに紹介した。

最後に、羽田空港を首都圏における国際空港の一つとして想定して、羽田と首都圏の交通拠点を「水の道」で結んだ首都圏マルチモーダル・ネットワーク構想を提案した。ここでは特に、わが国のセントラル・ステーションとしての東京駅における「水の道」と「鉄の道」、さらには「空の道」とを結節したマルチモーダルな駅空間の可能性を提案して冒頭で紹介したあるべき東京駅像を示して締めくくっている。

《終章》　土木デザイン教育のプロセスの第一段階として提案した表現方法の習得（製図）の教材をとってみても、技術的な土木製図の教科書はあるものの、デザインの基礎的な教科書は皆無であり、パース一つでも建築を対象とした参考書を使用しなければならない現実がある。

そこで、日本大学理工学部交通土木工学科（二〇〇一年に社会交通工学科に改名）におけるデザイン教育の立ち上げのプロセスとその教育方法さらには教材を詳しく示した。

しかし、ここで示したデザイン教育の方法やそのプロセスは絶対的なものではなく、事実毎年、前年の反省をふまえいまだに試行錯誤を繰り返している。そのため、どの土木系の大学でもあてはまる方法とは思っていない。むしろ、大学にあったいろいろな方法が今後検討されなければならないと考えている。すでに述べたように本書で取り上げた多くの構想や計画は交通土木工学科のデザイン教育における学生の課題、卒業設計、修士設計の成果の一部を取り上げたものである。

# 第一章

# 運河「水の道」

## ——桂離宮と平等院は運河拠点だった

## 航海記録としての土佐日記

六年間の土佐守の国司としての任務を終えて、紀貫之は長い航路をたどりながら京都に戻った。貫之六七歳のときである。樋口覚氏は『川舟考』で、土佐日記を航海記録の視点でとらえ、克明に分析している。

平安京に遷都して一五〇年後の九三四（承平四）年、一二月二一日、土佐の国府を発って四国、大津から一二月二七日船出する。なんとか太平洋の外海に出て室戸岬をめざす。途中、出発地から一〇キロ足らずの距離となる大湊に一〇日間風波がおさまるのを待ち、さらに室津においても一〇日間足止めに遭い、待ちつづける。その後、室戸岬を経て四国の東海岸を伝って翌年一月三〇日難所となる阿波の水門、鳴門海峡を渡り、紀淡海峡を過ぎ和泉の灘でようやく本土に着岸する。

しかし、ここからも多難な航海が続き、一路淀川の河口となる難波の川尻をめざし北上する。一週間後の二月六日ようやく河口に着岸、土佐を出てから実に三九日め、国府を出発して四四日めとなる。このあいだ航海したのが、わずか一二日で二七日間は風待ちであった。

その後、淀川をさかのぼり二月一二日に京都郊外、山崎の港を経て京都に着くまで河口から実に一〇日間の航路であった。この原因は、冬季の河川における水不足が大きな理由であった。

樋口氏の航海記録の視点に習い淀川河口から京都までをたどってみた。

二月六日に難波について河尻に一泊し、七日は、本格的に淀川を河尻より漕ぎ上げるが、川の水が涸れていて難渋する。八日には鳥飼《とりかい》の御牧《みまき》、現在の大阪府摂津区鳥飼、淀川の西岸に舟を止めて一泊。九日、なかなか進まず、あまりのじれったさに堪えかねて、夜の明けぬうちから舟を曳いて河をさかのぼる。

和田の泊、渚の院、鵜殿《うどの》で都合二泊する。和田の泊の位置は諸説あるが、渚の院は枚方市の北に位置する渚で淀川の東岸にあたる。鵜殿は高槻市で淀川の西岸に位置する。

一一日、京都の南の丘に位置する、石清水八幡宮のある淀付近を通過して淀川西岸、山崎の相応寺のほとりに四泊する。ここで上陸や入京の手続き、荷物の運搬や運漕費の相談などをし、一四日、車を京に取りに行かせて、一五日、舟を降りて人家に寄せてもらい一泊。

一六日、山崎の街を見学して島崎(向日市)を経て桂川を渡る。現在の京都市南区の久世橋近くを徒歩にて渡河し、鳥羽、京都九条から羅城門に入り、朱雀通りを経て現在の京都御所近くの貫之邸に戻った。

航海と異なり河川の行程はかなり正確に位置を特定することができる。しかし河口近くについては、洪水などによる地形の変化や近代の河川改修などでなかなか特定できない。

土佐から京都まで、通常二五日間の行程を五五日と倍近い時間を費やした点では、長く苦しい航路であったといえる。とはいえ、貫之がたどった交通路としての「海の道」「水の道」は、わが国の国土をつなぐスーパーハイウェーとして機能していたことが、この日記からうかがい知ることができる(図1)。

本章ではまず、古代より「水の道」をインフラストラクチュアとして都市を構成してきた京都を中心として、紀貫之の中世、そして角倉了以の時代に代表される近世、序章で紹介した田辺朔郎の近代を歴史的に概観し、都市におけるインフラストラクチュアとしての「運河」の存在を明らかとしたい。

また、河川・運河につながった平等院、桂離宮を運河の拠点として位置づけて、今まで一般的であったこれらの建物の建築的な高い評価に、交通・土木的評価を加えて、その歴史的意義を推論した。さらに引きつづいて、京都を中心に大阪—琵琶湖・大津間を「水の道」で結んだ「淀川・水の回廊構想」を示し、併せて現代的な水辺のアメニティとしての運河拠点を沿道にいくつか提案した。提案をするにあたり、桂や平等院の歴史的視点をふまえることによって今日的意義を示すことができればと考えている。そして、運河拠点の今日的な意義とイメージを、「運河」

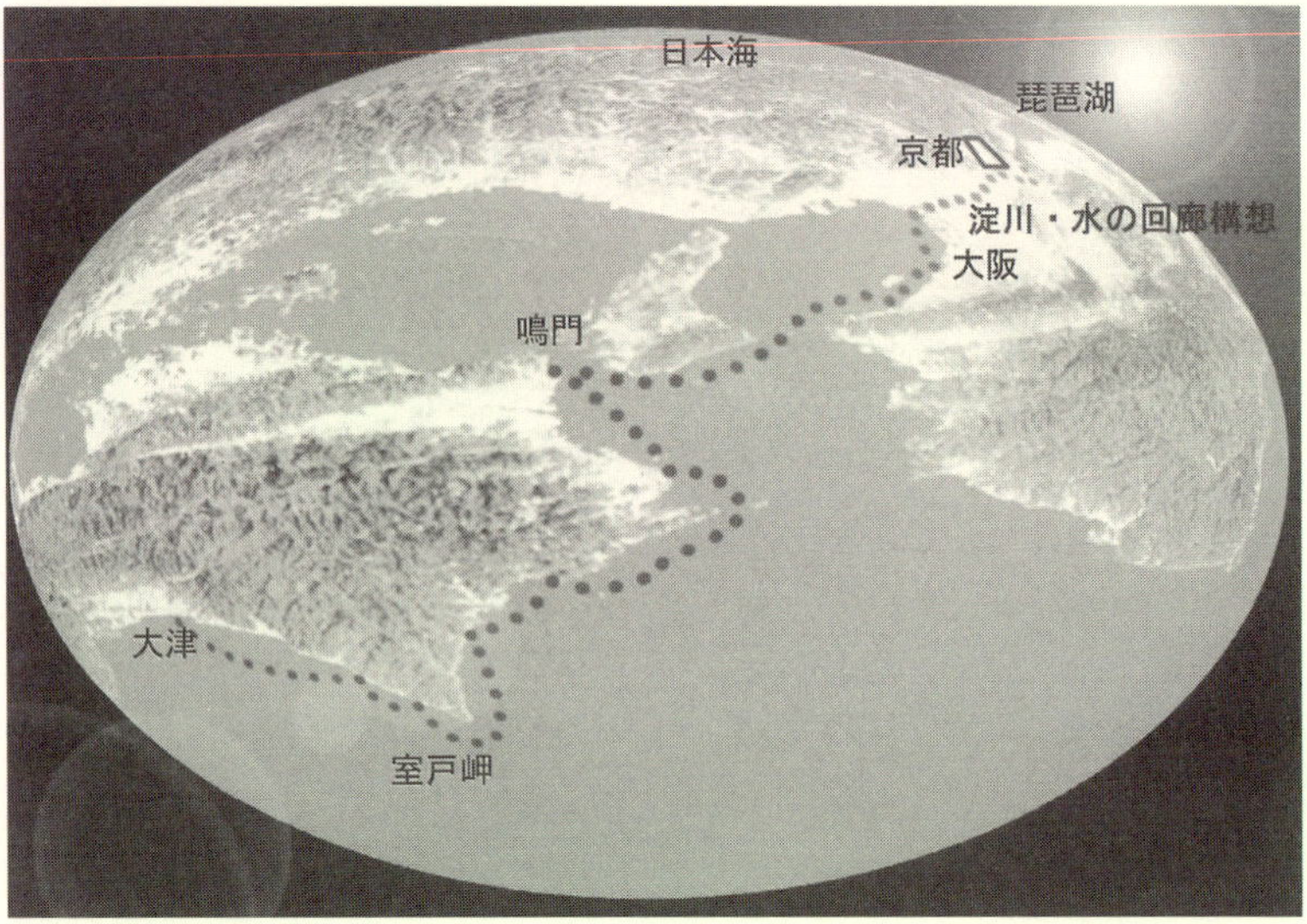

図1　紀貫之・土佐日記の航路と「淀川・水の回廊構想」ルート

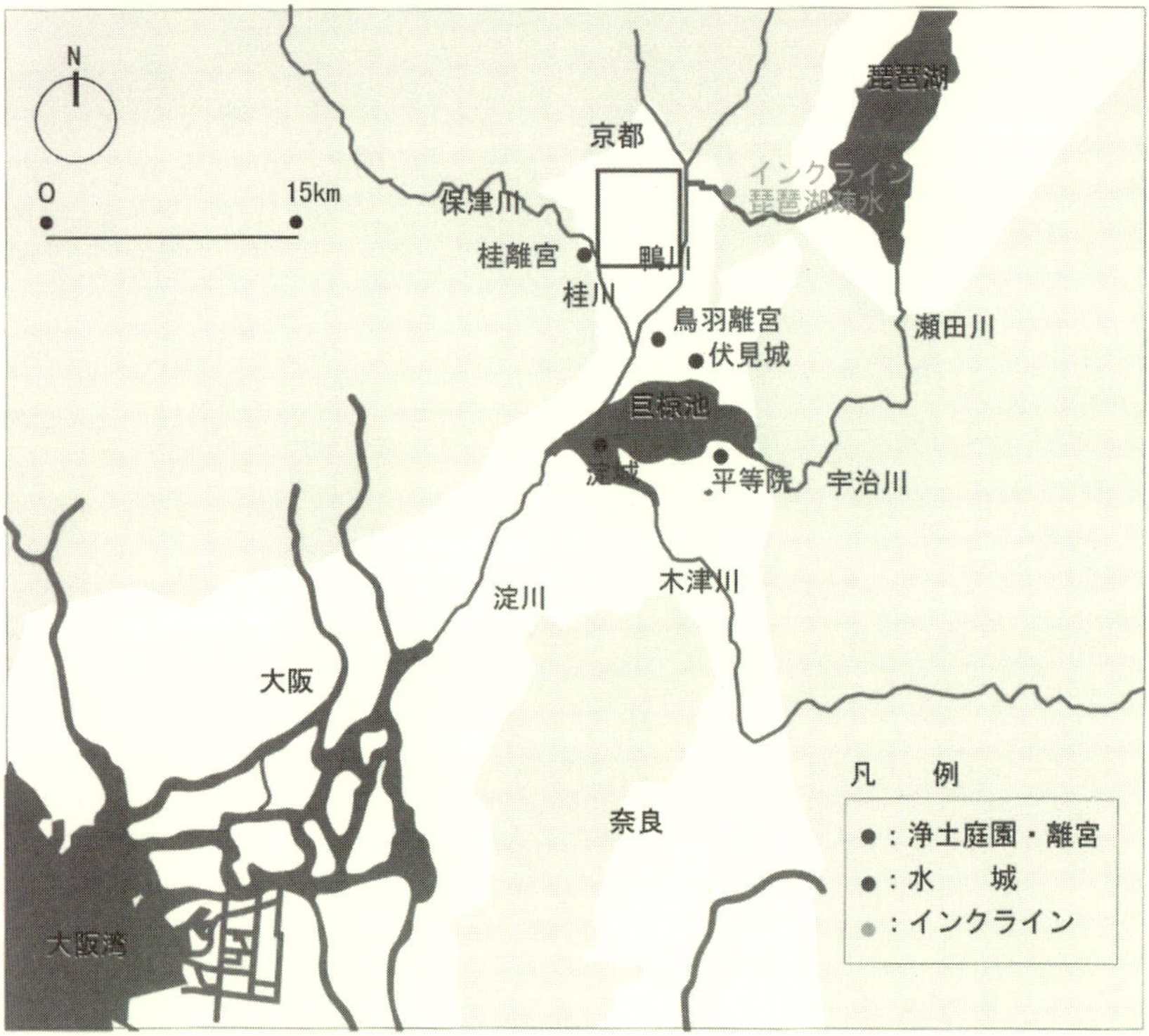

図2　歴史的な淀川水系と運河拠点

をキーワードとしたテーマパークや商業施設を取り上げながら擬似運河拠点として論述している。最後に、EU統合によって加速した内陸交通路としての運河の再構築とともに、ヨーロッパにおける運河のアメニティの一部を紹介する。

### 水の道をインフラストラクチュアとした運河都市・京都

紀貫之が通った淀は、京都・平安京のいわば外港的存在で、現在、石清水八幡宮の高台からこのあたりの風景の一部を見渡すことができる。幾筋もの大きな流れはさながら、古代のスーパーハイウェーのジャンクションを見る思いである。まず京都から大阪に至る淀川、そしてその上流に桂川、宇治の平等院へとつながる宇治川、さらに木津川が結節する、ここ淀は古代から水上交通の結節点であった(図2)。

また同時に、渡河点として「水の道」と「陸の道」とによる水陸交通の結節点でもあった。そしてさらに戦略上の要地ともいえ、川のなかの小さな島などを足がかりとして築城して淀城が近世に建設された。今でも川城であった淀城の石垣の一部が残されている。

また、古代都市・平安京の外港としてのこの淀とともに京に直結した港、いわば内港的役割となる鳥羽の港が鴨川と桂川の合流点近くにあった。ここは平安京の南北をつなぐメインストリートとなる朱雀大路が終わる羅城門から、さらに南に直進して鴨川・桂川との交点となる。この「陸の道」としての鳥羽の作道《つくりみち》と、「水の道」、鴨川・桂川との結節点にこの鳥羽の港が位置していた。

このように、河川によって「水の道」を国土のインフラストラクチュアとするばかりでなく、平安京の重要な都市軸との関連のなかに港を位置づけるとともに、この水の道に直結されたアメニティスポットともいえる魅力的で歴史的な運河拠点が多数形成されていた。これらの運河施設の代表的なものとして、近世の桂離宮、宇治の平等院をあげることができるが、この二つの運河拠点に先立って建設された中世の二つの離宮、鳥羽離宮と水無瀬離宮を運河拠点の存在からまず明らかにしておこう。

### 中世の運河拠点(1)――幻の鳥羽離宮と水無瀬離宮

京都の内港、鳥羽の港に隣接して鳥羽離宮が立地している。ここには鴨川の大きな遊水地を利用して白河上皇の別業（別荘）となる宮殿が多数建設された。紀貫之が京都に戻ってから約九〇年後の一〇八六（応徳三）年から営まれた「水郷の宮殿」である。

この鳥羽離宮は、短経七〇〇メートル、長経一四〇〇メートルで、東北から西南へほぼ楕円形のなかに収まる大規模な施設群である。現在の名神高速道路、竹田インターチェンジに南接する位置にある。大きく広がった池の西と北岸に沿ってまず南殿、北殿がつくられ、北岸中央西に金剛心院が、その北側に田中殿が建てられた。池の東岸には泉殿が営まれ、後にこれを含め白河、鳥羽法皇の陵や、安楽寺院や無量寺院を加え東殿と総称された。

敷地全体が池に囲まれ、各殿が中島を持った寝殿造り式庭園を単位に複合的にまとめられた水の宮殿群である。敷地は、氾濫した鴨川の河跡を利用したり、部分的には人工的に掘るなどして、鴨川の水をふんだんに利用して極楽浄土を想わせる多くの宮殿が出現した。その様子は一九八七年七月一二日発行の『週刊朝日百科・日本の歴史六五号院政時代』に全体像の推定図が杉山信三氏によって示されている。さらに氏は『古代の苑池』のなかで、鳥羽離宮の苑池について詳しく紹介している。

また、北殿については、この殿に付属する建物として建設された勝光明院が宇治の平等院鳳凰堂を模して建設されたことを、故小林文次氏が明らかにしている。[*1] 水の宮殿が平等院の規模を大きくして建てられ、特に宇治の平等院と同様、池との関係が深い宮殿であったことが想像できる。

＊1 「鳥羽殿光明院について――平安時代における御堂造営の建築的一考察」（一九四四年）小林文次博士主要論文集、一九八四年

この池には管弦舞曲を奏でる舟が浮かべられ、庭前から乗船すれば、淀川下りも楽しめたという。この淀川を下れば、後鳥羽帝によって一一九九年ごろ造営された壮麗華美といわれた「水無瀬離宮」に至る。しかし、この離宮の具体的な状況について私はいまだ確認することはできていない。

いずれにしろ、上皇らは京都を舟で発って鴨川を下り、鳥羽離宮に出かけてここで一泊し、さらに水無瀬離宮に出かけ、二つの拠点を何度となく舟によって行き来していたと思われる。限られた宮廷人のためとはいえ、交通システムとしての淀川水系が、運河拠点としての二つの離宮とともに機能していたことが推測される。

## 中世の運河拠点(2)——宇治の平等院

厳島神社の木造の社殿が、八〇〇年の長きにわたって海のなかに存続しつづけた技術的な秘密を解いて、今日的な視点から海洋空間の新たな開発の手法を考えようとして、厳島論を中心にまとめたのが前著『海洋空間のデザイン』であった。

そのころ、「阿弥陀堂の回りの園地は、地形的に見て、人工的に掘られたのではなく、宇治川の氾濫・土砂堆積の過程で、窪地・沼地として残されたところだろう。そして湛水する自然の沼地を利用して浄土庭園が整備されたと思われる」という松浦茂樹氏の『構造物と自然の調和——河川環境の原点を考える』が厳島の社殿との関連で目にとまった。

現在では、近代河川工学の理論によって日本中の河川が、堤防によって隔てられているため、このように平等院を河川との関係で空間的に一体としてイメージすることは困難である。しかし、かつてのように堤防がなかったとするならば、ごく自然に平等院と川とのダイナミックなつながりを想像することができるだろう（図3〜5）。

近代の治水は、ダムで水を溜め、コンクリート堤防を強化して、洪水を川に押し込めてきた。

図 3　宇治の平等院鳳凰堂の高床式翼廊（右）／この下を舟が通ったと松浦氏は推測している

図 4　冠水しつつある洪水時の宇治川／川中の橘島の対岸奥は宇治の平等院。堤防がなければ平等院は水に浮かぶ建物になる

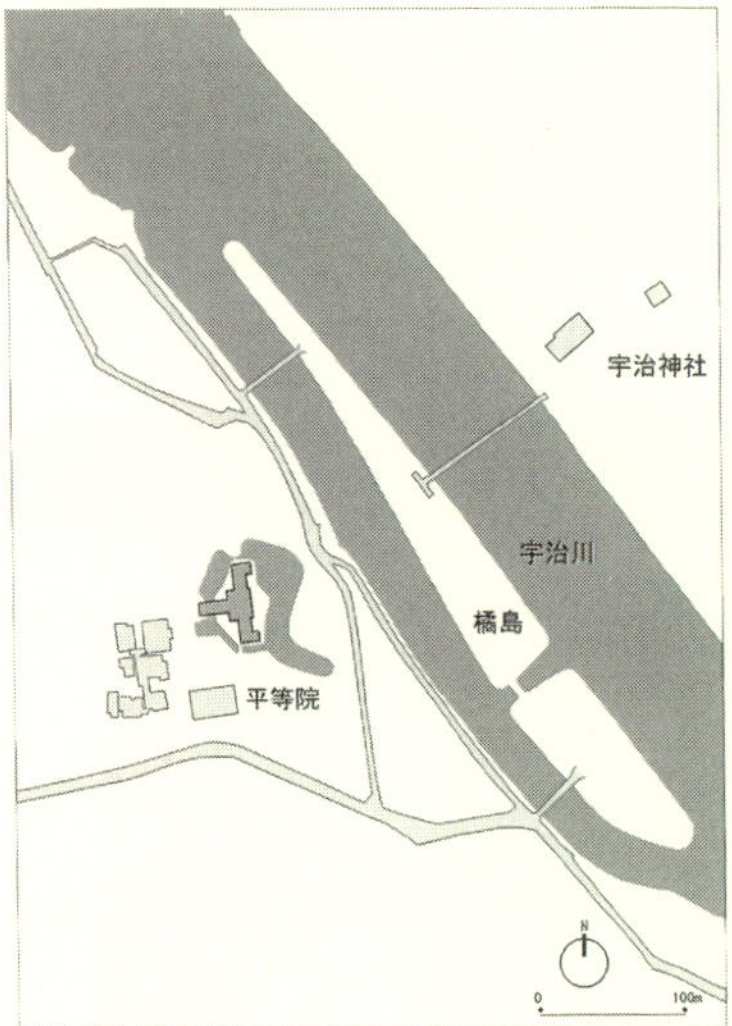


図 5　宇治の平等院と宇治川の関係

しかし、こうした考え方を根本的に見直し、川から水があふれることをも認めようとする「洪水との共生」、いわば「あふれる川」の考え方が吉野川の河口堰問題などを通して最近では議論されはじめている。

この平等院を建築的な視点から見ると、阿弥陀堂を祀る中堂から伸びた二つの翼廊の存在と、その廊のピロティ形式によるデザインとの関係がきわめて興味深い。翼廊は、鳳凰堂を引き立たせるための必須のエレメントで、もともとデザイン的な意味のみが強調されていたと一般的にいわれてきた。特に、懐の低い二階の天井では人が立てない。このことがデザイン的な工夫といわれる所以であった。一方、一階も二階も法会のとき僧侶が居並ぶ場所であったり、楽人の場所で、特に二階は座った人にはほど良い高さとの実用性をとる論もあった。いずれにしてもどちらの説も説得力に欠けていた。

松浦氏は同著で、翼廊とこの廊の二つの楼閣の一部を高くすることで舟の行き来の便を図り、その結果二階の天井が低くなったと論じている。舟との関係がユニークな建築様式を生み出したという説で、建築史的には異論もあるところだが、私はこれによって、平等院鳳凰堂の美しさの秘密が解けたと思った。

最新の発掘調査で、創建当時の翼廊と前面の池との関係が明らかとなった。その成果については、二〇〇〇年五月三〇日~七月九日に開催された「国宝平等院展」の東京展で公開された。これによると、鳳凰堂創建当時は池が現在よりも広く鳳凰堂の基壇近くまで池が迫り、さらに翼廊の柱がかつての池底を覆っていた小石敷きから直接自立していたことが明らかとなった。すなわち、翼廊のピロティ状の柱が、現在のように基壇上に立つのではなく、その地下のかつての池底から直接立脚していたことが推察できる発見がなされたのである。これはかつて翼廊の柱が、池のなかから直接自立し、翼廊の下を舟が航行していたことを裏づける貴重な発見とみることもできる。

また、現在の翼廊の柱下部をつなぐ貫についても、舟の航行上問題となる点ではあるが、当時の屋根は現在のような瓦ではなく茅葺きであったこと、さらにかつては貫が存在していなかったことを示す古絵図なども展示された。

平安前期、海に社殿を広げた厳島神社は、海を含めた境内全体を寝殿造り系の庭園とみなすことができる。この厳島の空間的魅力の一つは、潮の干満差による社殿の変化であり、この変化を最大限生かしたのが夏の大潮に合わせて行われる管弦祭である。本殿を中心に各社殿をつなぐ「回廊」「床」が、一般の人々に三昼夜開放されるとともに、祭りの観客席ともなる。満潮時に大鳥居をくぐって御輿を乗せた船が御伴船とともに対岸から戻り、「回廊」「床」に集まった観客に迎えられて祭りのクライマックスとなる。

厳島が一日二回の干満で社殿の変化を演出するのに対し、この平等院は大雨によって氾濫すれば建物は湛水する。これを高床のピロティによって対応するばかりではなく、日常も舟が通るという自然に逆らわない何とも魅力的な空間構成であったことが想像できる。

平等院は河川のもつ自然な営みを利用することによって、通常は池との関係を、そして川の氾濫時には川との関係を保ちながら、周辺の環境と調和していた。このような、あふれる川だからこそ生まれた建築の美しさを、この宇治の平等院の高床・ピロティに思い浮かべることができる。

そして、川に面しているがゆえに、当然、交通路としての「水の道」が都とを結ぶことにもなる。宮廷人は舟によって、都から平等院へと直接着岸することができたと考えられるが、先ほどの展覧会で鳳凰堂創建当時の平等院の様子が、多くの古文書・古絵図を参考に復元図として展示された。

これによると、鳳凰堂とは別に独立した本堂が宇治川寄りに存在していた。この建物から宇治川方向に長い廊を渡し、その先端は、宇治川のなかに自立する釣殿に通じていた。さらに、平等院に隣接する下流にはハーバーとしての宇治津も描かれている。いずれにせよ宮廷人は、京都から舟で優雅に釣殿へ直接アクセスしていたことが考えられる。

前述した平等院を模した鳥羽離宮の勝光明院も、河川の湛水時には平常時に比べて大きく変化したダイナミックな景観を展開したものと思われる。この鳥羽離宮を復元して、京都の新たな歴史的観光拠点、運河拠点とする提案を後半で行っている。

### 近世京都の運河と運河拠点——伏見城・淀城

豊臣秀吉の時代、京都の復興と都市改造が図られ、平安京のなかにお土居に囲まれた城下町を築き、その中心に聚楽第をすえた。秀吉はやがて、この聚楽第を秀次にゆずり、京都の東南の丘陵上に伏見城を建設した。

この伏見の丘陵地の南には、淀川とつながる巨椋池が大きく広がり、伏見は大阪と京都を結ぶ中継の港町として栄えた。平安京の時代の外港としての鳥羽の港の役割をこの伏見が肩代わりすることとなった。この伏見は宇治川を介して先ほど紹介した宇治の平等院とも結ばれる。水城ではないが、城を中心に港が河川に直結していた。

一六二三年、松平定綱は、将軍秀忠に伏見城に代わる京都守護の新しい城の建設を命ぜられた。城は当時、宇治川の河中にあった孤島を選んで築城された。地盤は必ずしもよくないこの地に城を築かせたのは、先に述べたように、淀川上流の木津川、宇治川、桂川の三つの川の合流点という交通の要所であったからに他ならない。その城下は、街道の宿駅としても栄え「水の道」と「陸の道」の結節点であった。

城は方形の本丸を中心に、北へ二の丸を接続して内堀がコの字型に囲み、二の丸から東の三の丸、西の西丸へと連絡し、それぞれがさらに東郭、西高島とつながり、「掘り」を介して複雑な縄張りによって全体が構成された。城の北西には水門を設け、淀川に通じる水路を確保し、舟を城内にアクセスさせることが可能であった。

この淀城は、「水の道」を重要なインフラストラクチュアと考えた、水上の河川のなかの軍事的運河都市であり、交易都市であったといえる（図6）。

もっとも興味を引くところは、海に浮かぶ海上都市ヴェネツィアの建設手法に共通する方法によって、川のなかに都市としての川城を建設したことである。具体的には、小島の集合体としての都市を川のなかに形成する手法である。ヴェネツィアが海の干潟を拠り所としたのに対して、淀城は川の孤島や浅瀬を拠り所として水路を確保しながら石垣で小島を建設し、この小島間を橋によってつなぎ、いわば小島群による海上もしくは水上都市を形成した点で両者の共通性が見られる。

さらに、このヴェネツィアは、車一辺倒の現在のモータリゼーション社会に対して、車のない「水の道」をインフラストラクチュアとすることによって都市交通の可能性とその魅力を今日にまで伝え、多くの観光客を世界中から迎えている。これは、人々が日常のモータリゼーションの社会から、かつて車のなかった社会への強い憧れと見ることもできる。

## 世界に誇る桂離宮は運河拠点だった

運河都市としての京都は江戸時代に入っても、「水の道」の充実が図られた。この中心的人物は、中世末から経済力を蓄えてきた商人で、その才覚によって土木事業、特に軍事事業に積極的に取り組んだ豪商、角倉了以である。了以の京都におけるその業績は、一六〇六年に完成した大堰川（保津川）の運河化と、一六一四年市内を縦断する高瀬川（運河）の開削に代表される。

大堰川のそばで育った了以は、若いころから舟運に理解があった。特に、岡山県の倉敷川での高瀬舟を視察して流れを抑制すればどんな河川でも通船できると、専門的にいえば水位差を克服するロック（閘門）の構造などの有効性を直感したのではないだろうか。

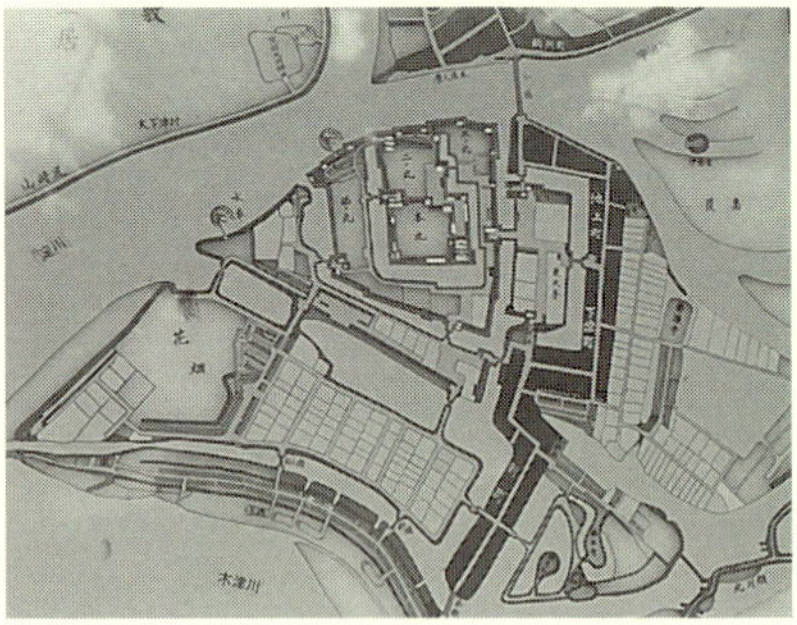


**図6　淀城配置図**／小島群の構成からなる運河都市の構成

まず、大堰川に横たわる巨石を爆破して水路を開削し、舟道を整備して丹波の木材や鉄、塩、石材を京都に運んだ。今日の観光クルーズ保津川下りでも、川のなかに人工的につくられた当時の水路を体験することができる（図7）。

了以のもう一つの「水の道」建設は、京都中心部への物資を、これまでの淀川から鴨川を経由し鳥羽の港から陸送する方法を一新し、この鴨川をさらにさかのぼり京都洛中まで直接航行する、いわば都市内交通路としての水の道・運河を確保することであった。鴨川は三条橋ぐらいまで流れが不安定だったが、この流れを一定とした水路を確保し、さらに吃水の低い舟、高瀬舟を利用して運搬することのできる運河・高瀬川を建設した。これによって、洛中と淀川河口が直結することになった。

了以の事業によって運河化された保津川を下ると、桂川を経て最終的には淀川に至る。この桂川に面して桂離宮が立地する。すでに述べた鳥羽離宮や平等院と同様、運河につながった運河拠点としての桂について眺めてみよう。

一九三三年、ドイツの建築家ブルーノ・タウト（一八八〇〜一九三八）が来日し、その著書『日本美の再発見』で、世界的奇蹟であると、桂離宮に高い建築的評価を与えたことはよく知られている。特に評価の高い点は、建築と庭園が一体となった総合的計画の視点であり、造園計画における土木技術の果たした役割は大きい。そのなかで、一般的に書院群の近代的な高床形式は隣接する桂川との関連で、河川の氾濫時に建築的にも対応できるデザインであることは広く知られている（図8、9）。

この関係をより具体的に明らかとしたものとして大熊孝氏の著書『洪水と治水の河川史』が詳しい。これによると、桂離宮の池は掘削・浚渫などの人為が加えられているが、地盤の土質からみて桂川の河跡であること、第二に桂川沿いの桂垣と呼ばれる竹の生垣が離宮を水害から守る水害防備林であることの指摘がある。この竹の生垣は、耐水性のよい淡竹《はちく》を植えたままで折り曲げ

図7　保津川下り／人工的に整備された水路の一部が見える

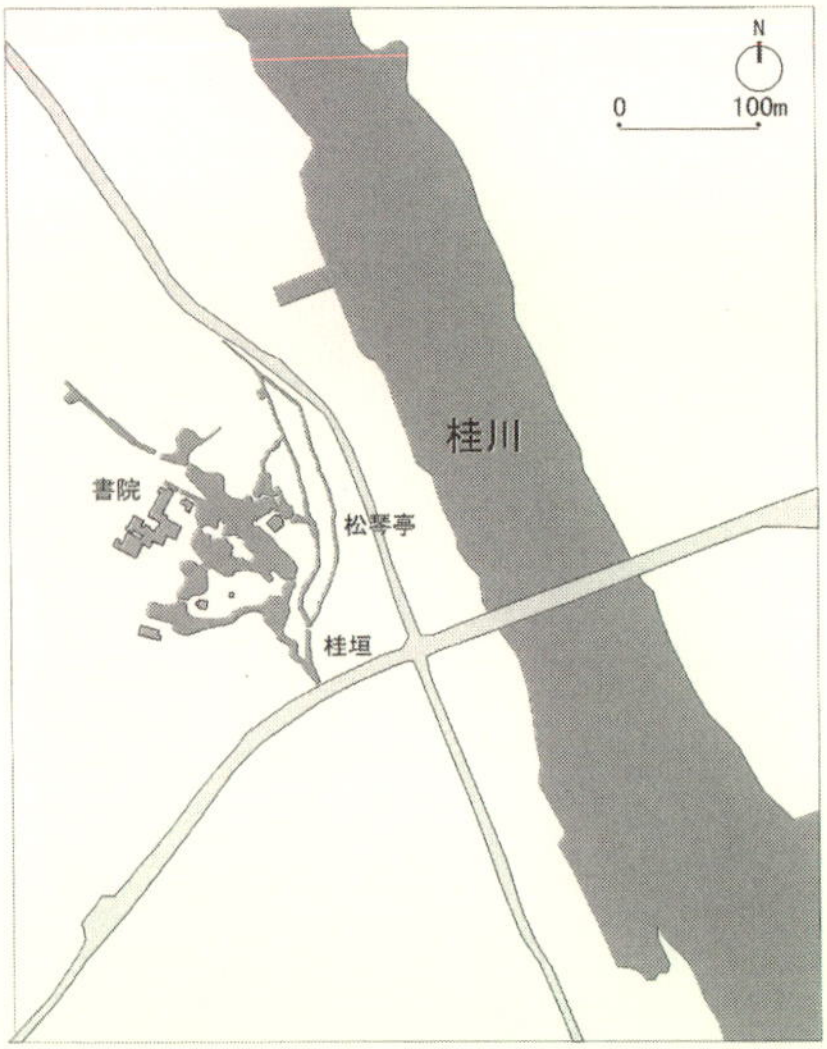


図８　桂離宮と桂川の関係

図９　雁行状に並ぶ書院群の水害対応型の高床

図11　桂垣／竹の生垣でつくられた水害防備林

図10　桂川（右）と堤防を介しての桂離宮の桂垣（左）

て編みつけた垣根で、水の流勢をそぐ機能があるという（図10、11）。

また、書院の高床の水害対応効果についても詳しく調査し、池を隔てた対岸の松琴亭での桂川の氾濫による浸水を確認するとともに、高床の書院群が浸水を免れた事実を明らかとし、この書院における高床のデザインが洪水対応という機能的な側面をもっていたことを実証的に裏づけている。

総合的な計画の視点で見ると、造園の中心となる池を新たな土地造成によってつくるのではなく、桂川の河跡を利用した低コスト、省エネルギーの思想を読み取ることができる。

これはブルーノ・タウトが、日本建築における桂の対極にあげた日光東照宮と比較するとより明確である。こちらは山の傾斜面を切り開いて造成し、いくつかの広場を石垣、石段でつないで多くの建築物を建てるという、今日的にいえば人海戦術によるブルドーザー的造成による総合計画といえる。これに対して、桂離宮の全体計画には創設者、八条宮智仁親王の数奇心をこのローコストな造成計画に感じることができる。

このような桂離宮についても平等院と同様に、かつてのように堤防がなかったならばと考えると、川との空間的、機能的な強いつながりを想像することができる。

離宮からは、桂川の鮎漁が眺められたし、智仁親王が舟で桂川を渡って離宮に入ることが多かったとの記録もある。平等院のように、離宮の池に直接桂川からアクセスできる施設の存在についていろいろ調べてみたが、古い図面などでは具体的な内容を認めることができなかった。

先ほど述べた了以の建設した大堰川の下流がこの桂川で、桂離宮の対岸には桂筏浜というハーバーがあった。このハーバーには丹波山地の奥から木材を切り出し、筏によって大堰川を下り、一部が荷揚げされていた。記録によれば離宮のほとんどの建築材は、この浜に店をかまえる材木屋から離宮を建設した八条宮家に献納されたものであり、「水の道」が離宮建設に貢献していたことがうかがえる。

桂離宮は日本美を代表する建築として世界的にも名高いが、これまでの「建築的視点」だけでなく「交通・土木的」視点によるデザインがその名声をさらに大きく支えていると考える。このように桂離宮は、平等院とともに土木と建築の融合の歴史的遺産であるとともに、「水の道」と強く結び付いた魅力的な運河拠点であったといえる。

「水の道」をその拠点とともに述べてきたが、この拠点を通る舟のイメージについて少しふれてみたい。多くは須藤利一編による『船』を参考としている。

樋口覚氏は前述の著書で、櫂を海面で漕ぐ点と、夜間、船を進めることができない点をヨーロッパの舟運との違いとして述べているが、いずれにしても貫之らが乗った舟の形態のイメージがわかない。特に海と川を併走するとなると、その技術的対応は一段と厳しいものになると思われる。そこで舟のイメージを追ってみた。

貫之の時代、すでに米の輸送に際して瀬戸内海を大型船が往来していたという。その規模は最大で三〇〇石積程度であったといわれる。さらに、貨客両用の商船では一〇〇石積程度の舟で、貫之もたぶんこの規模の舟を利用していたものと思われる。

舟の形態については、特に鎌倉時代の「法然上人行状絵伝」や「北野天神縁起絵巻」などの絵画からうかがい知ることができる。たとえば「北野天神縁起絵巻」によれば、貫之も航行のあいだほとんど座していたと思われる屋形を後方にしつらえ、一二人で櫓を漕いでいる。この舟の規模は、二五〇石積の規模で、長さ七〇尺（約二一メートル）、幅六尺（約一・八メートル）と想定できる。

これらの資料から貫之の乗った舟とその規模と構成がだいたいイメージできそうであるが、いずれにしても海では小さく、川では大きすぎる構造に思われる。

江戸時代、「千石船」が廻船として瀬戸内海から日本海に航行していたが、その一方で京都〜大阪間に「三〇石船」と呼ばれる乗合船が航行していた。この「三〇石船」は、川船として船底が平らで喫水が浅い。長さ一五メートル、幅一・九メートル、深さ〇・五五メートルの規模で、船客二八人、船員四人が標準であった。この船で「上り」でおおよそ一日、「下り」は半日かけて往復していたという。

「三〇石船」とは、米三〇石分の重量、約四・五トンを積みうる能力の船で、容積による西洋の単位とは異なる。「三〇石船」の効率を試算してみると、京都~大阪間を、三〇石の米を陸路で運ぶ場合、四斗俵二俵を積む馬と馬子一人で三〇石を運ぶには、馬と馬子延べ三八馬と馬子三八人がかかる計算となる。一方、「三〇石船」一艘の乗組員は四人と、水の道における舟運が当時いかに合理的な交通手段であったかがうかがえる。

明治に入ってからの淀川は三〇石船に代わって、大阪~伏見間に川蒸気船による航行が行われており、上りで七時間、下りで五時間で往復していた。近代河川技術を駆使してこの水路を設計したのが、オランダ人技術者デ・レイケ[*2]である。

具体的には、淀川の河床のあちこちに砂州ができて、その位置や大きさは洪水のたびに変化し船の航行に支障をきたしていた。そこで淀川のなかに、一定した河幅にいつも水が流れる「低水路」を確保して渇水時でも蒸気船が航行できるようにしたのである。

同じころ利根川を航行していた川蒸気船、第一通運丸によって淀川の川蒸気船の規模を想定してみる。全長七二尺(約二一・八メートル)、幅九尺(約二・七メートル)、喫水四・五尺(約一・三六メートル)で、六〇トンと三〇石船の約一三倍の積載能力となる。

いずれにしろ、古い時代から京都とつながる淀川に、多くの船が行き交っていたことが想像できる。

**近代京都における運河技術**

京都の近代化においても運河が重要な役割を果たしたことはいうまでもない。東京遷都によっ

*2 ヨハニス・デ・レイケ(一八四二~一九一三)。明治初頭、わが国の河川と港湾を再生するために、政府がオランダから招聘した水工技術者の一人。淀川・木曽三川、九頭竜川などの河川改修に実績を残した。

て厳しい試練を迎え、官民一体で積極的に対応していったのである。その一つが先ほど紹介した琵琶湖疏水の建設である（図12〜14）。疏水とは運河のことで、これによって琵琶湖と京都を結び、さらに淀川までの輸送路としての「水の道」を確保することによって輸送力を増した。

琵琶湖疏水は、大阪湾と琵琶湖を結ぶ運河の一部で、まず一八九〇（明治二三）年に技師・田辺朔郎により全長一〇キロメートル、水位差四五メートルを水路トンネル三カ所、ロック二基、そしてインクラインでクリアしている。その後、一八九四（明治二七）年に完成した鴨川運河と連結して、先ほど紹介した伏見で淀川と結ばれた。

近代運河におけるもっともダイナミックな施設は、水位差をクリアするための施設となるロック（閘門）であり、またインクラインである。京都の蹴上にあるインクラインは斜路の軌道によって舟を台車に載せてこれを移動して水位差をクリアしようとするもので、ちょうど遊園地にあるウォーターシュートのような原理である（図13）。

ちなみに、建設当初のロックの大きさは幅二・四メートル、長さ一二・七メートル、インクラインは幅二二メートル、長さ五八二メートルで、水位差三六メートル（勾配一五分の一）を台車（長さ一三メートル）に先ほど紹介した三〇石積の和船（四・五トン）を載せて物資の輸送を行った。一九四八（昭和二三）年まで稼働した。

さらに、蹴上から哲学の道に続く疏水分線には、レンガ積みの一二連の魅力的な水路のアーチ橋、水路閣が南禅寺の境内に現存する（図12）。

このように疏水を中心としたさまざまな技術とそれに伴う施設のデザインの多様性は、ヨーロッパの運河と比較しても遜色なく、土木構造物としての総合的な完成度をみることができる。またこのプロジェクトが、先に述べた田辺朔郎の卒業論文からスタートし、完成にまで至っている点は注目に値する。これはちょうど建築学科の卒業設計にあたるものである。

京都の現代における運河都市の拠点のイメージについても考えてみたい。

図 12　12 連アーチのレンガ積みの水路閣／上部を「水の道」が今でも走る

図 13　インクラインの最上部の和舟（30 石積）を積んだ台車

図 14　運河トンネル口とレンガ積みの管理棟

了以の建設した運河、高瀬川沿いに立つ商業ビルで、安藤忠雄氏が設計したタイムズを運河拠点のイメージとしてとらえてみよう（図15、16）。

この川を高瀬舟が航行するには現在の低い水位では不可能である。しかし、調整された水位面近くにテラスを設定し、水面との関係に新鮮な感動を与えている。まさに運河都市のアメニティを氏は直感的にこの建物で再現していると思われる。

**淀川・水の回廊構想**

一九九七年、京都市が主催した国際コンペにおいて二一世紀・京都の未来が求められた。私たちは京都の未来像を、「運河」と「運河拠点」をキーワードとして提案した。古都・京都に車が集中し、その排気ガスが文化財にも悪影響を及ぼすばかりでなく、観光客のスムーズな移動にも大きな影響を及ぼしている。京都の未来はまず、その交通手段の改革が必要であり、具体的には車を抑制した環境対応型の多元的交通システムの構築が必要と考えた。そして、新たな交通手段として、路面電車の復活とともに「水の道」の再興を提案し、さらにこの「水の道」を防災対応のインフラストラクチュアとしても位置づけた。

これまでさまざまなかたちで、京都の都市的な将来について提案がなされてきた。その代表的なものが丹下健三氏の「京都都市軸計画」（一九六七～六八年）や西山夘三氏の「京都計画」（一九六四年）などであるが、われわれは特にマルチモーダル（多元的）な交通都市モデルの提案を試みてみた。

マイン・ライン・ドナウ運河を航行する船舶会社の試算によれば、一キロメートル／トン当たりの輸送費が、船で二円、鉄道で四円、自動車で八円という試算をはじいている。今後さらなる大量輸送の時代を迎え、何もかもすべてを自動車で運ぶ時代は終焉を迎えるのではないかと考えている。

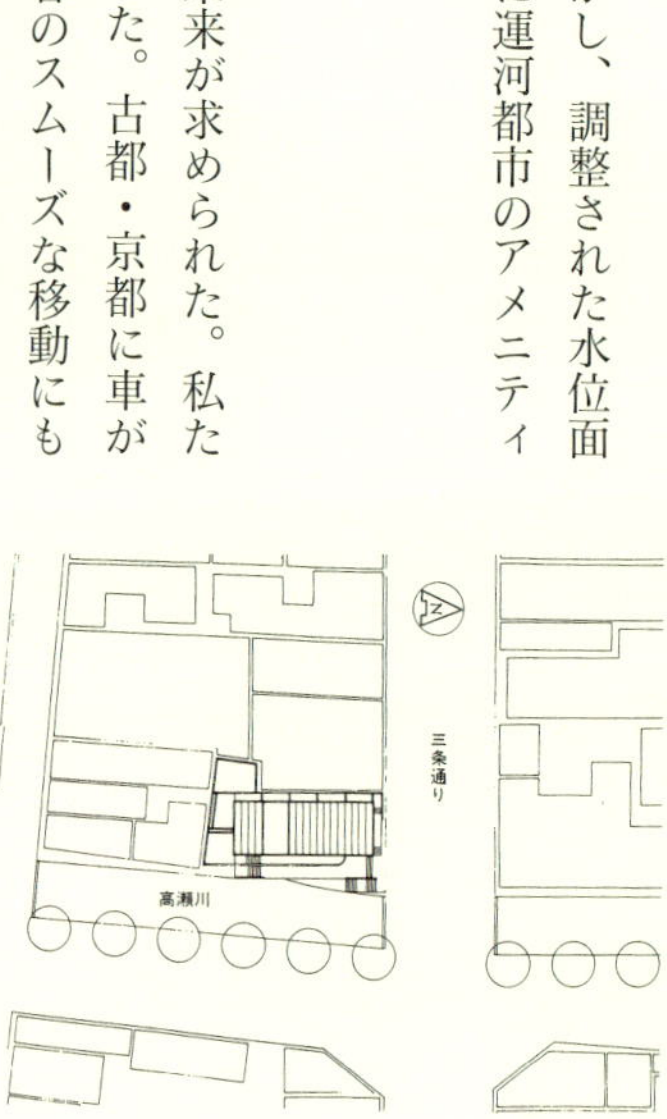

**図15　タイムズ配置図**（設計：安藤忠雄）

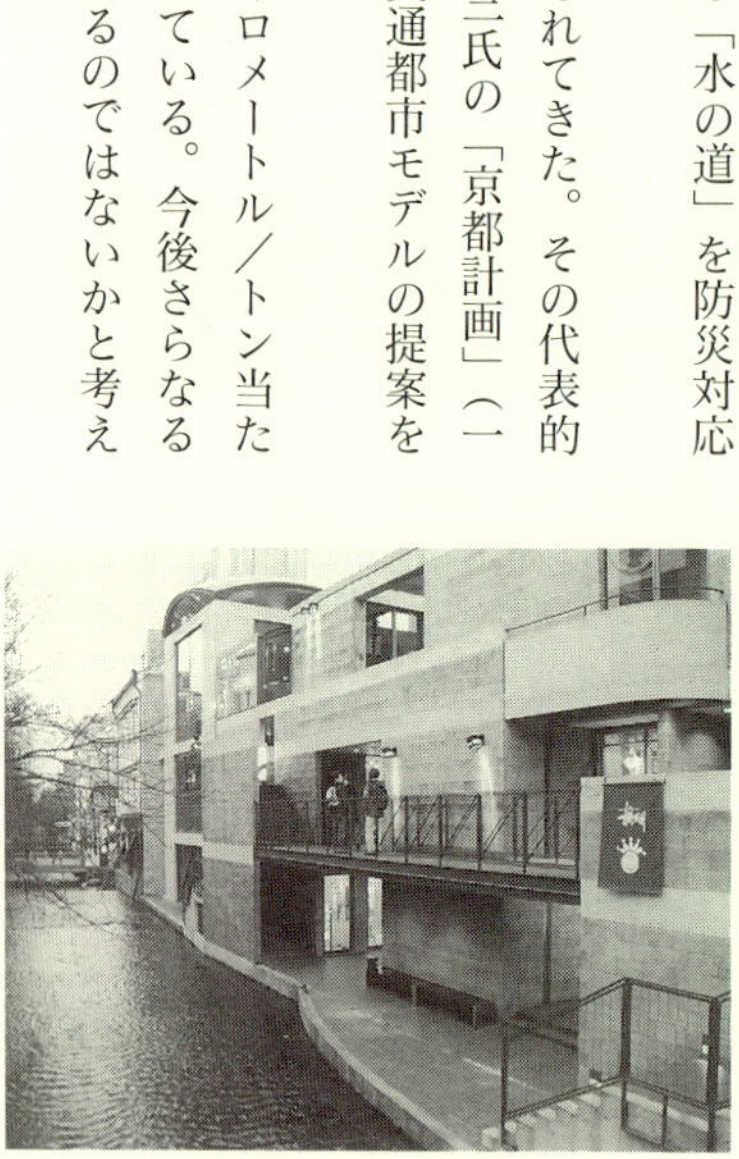
**図16　高瀬川沿いのタイムズ**／川底レベル近くにフロアを設定

人間一人を一キロメートル運ぶエネルギーを運輸省の「運輸関係エネルギー要覧」で比較すると、鉄道一〇〇キロカロリーに対しバス一七五キロカロリー、乗用車五八七キロカロリーとなる。さらに同資料によると、わが国の輸送機関別エネルギーを旅客部門に限ってみると、乗用車が四〇〇〇兆キロカロリーに対し、鉄道がほぼ一〇分の一に当たる四一三兆キロカロリーと膨大なエネルギーが車社会を支えていることになる。

　このような経済的、環境・資源的視点からも「水の道」「鉄の道」における大量輸送の必要性が、日本の社会全体で今後求められてくるものと考えられる。

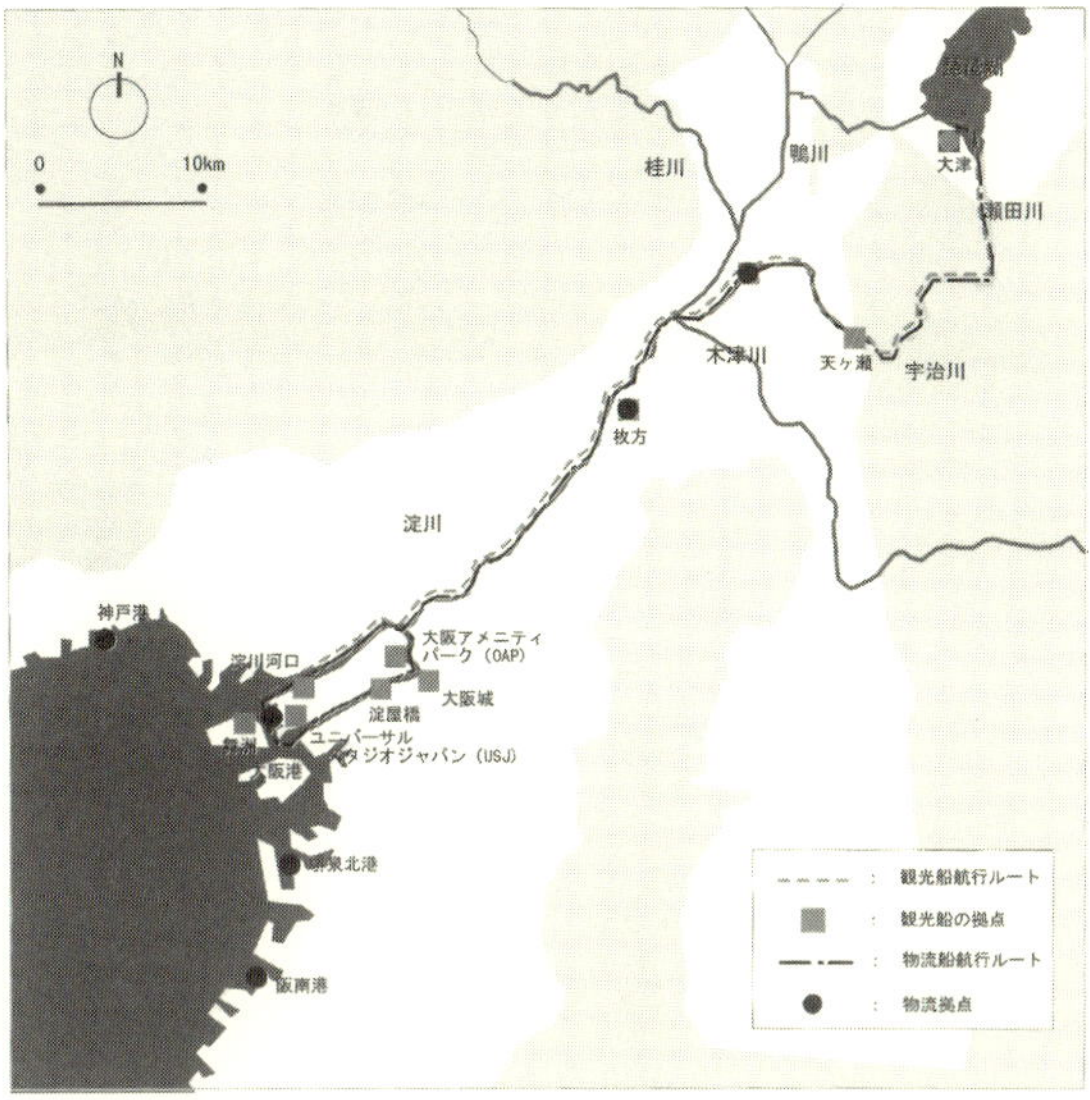


図 17　「淀川・水の回廊構想」における物流拠点ルートと観光拠点ルート

　古くから琵琶湖を分水嶺とする淀川水系を日本海にまでつなげ、瀬戸内海と結ぶ日本縦断運河構想があった。現在は、琵琶湖疏水によって淀川河口から琵琶湖までは平面的に、連続性が確保されているが、大きな観光船や輸送船が琵琶湖にまで航行することはできない。しかし明治時代には、川蒸気船が淀川河口から伏見まで定期船として航行していたことはすでに述べたとおりである。

　現在では、次のような具体的な障害物によって、大きな船による琵琶湖までの直接航行ができない

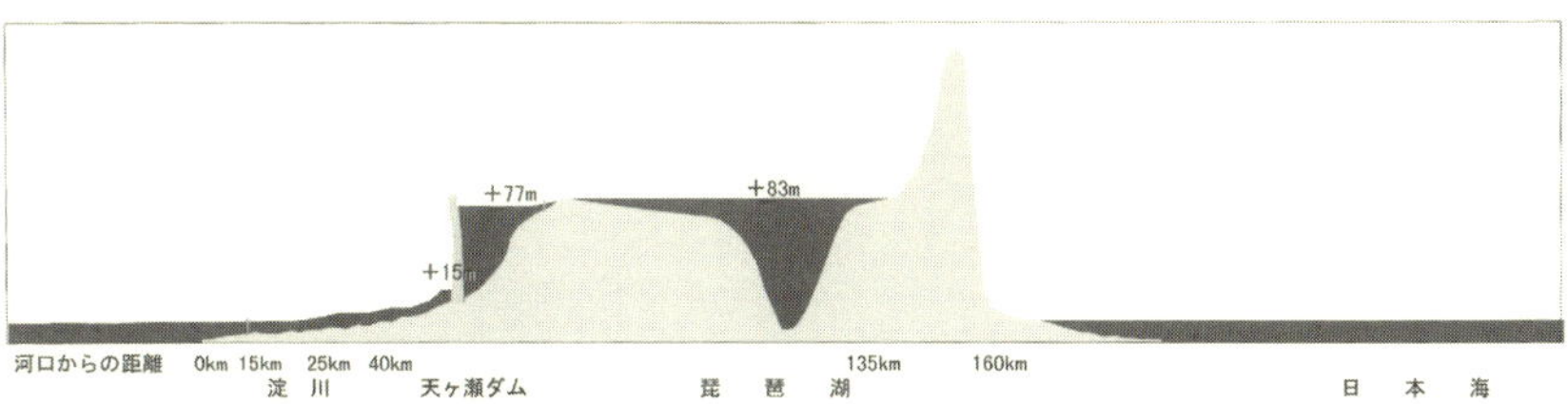


図 18　「淀川・水の回廊構想」断面現況図

（図17、18）。

第一は淀川河口近くに位置する三つの橋下のクリアランスが低くて、船が橋の下をくぐれないこと。第二に河口から一五キロメートル地点の淀川大堰と六〇キロメートル地点の瀬田川洗堰におけるそれぞれ二・五メートルの水位差と、第三には水位差六二メートルにも及ぶ天ヶ瀬ダムの存在である。

第一は橋の架け替えによる対応、そして第二、第三は水位差をいかに克服するかという技術的対応が求められる。特に、天ヶ瀬ダムを具体的にどう航行させるかこれまで具体的に提案されることはなかった。そこで、ダムでは二種のインクラインによって航行させることを提案した。

まず下流からダムの天端までの高低差を山に沿うように勾配四五パーセントのインクラインで対応する。具体的には、まず船が自力でプール付き台車に移動する。この台車を傾斜鉄道で、カウンターウエイトによって一気にダム天端の高さまで運ぶ。フランスのアルズビェールの実例に倣う方法である（図19）。次に、水平方向に台車ごと移動してダムの天端を越えてダム内に運ぶ。さらに、京都・蹴上のインクライン同様、船を搭載したままの台車で斜路を下って着水する。この斜路による方法は、ダム内の水位変化に対応しようとするものである。

ここで紹介したインクラインやロックなど運河におけるさまざまな施設は、可動橋と同様、動きのある変化に富んだ光景を生み出し、観光的視点だけでなく社会教育的な意味からも価値が高い。そこで、これらの運河の施設やその動きを見ることのできる立体的な視点場となる展望台や、運河博物館を併設して天ヶ瀬ダムに、新たな天ヶ瀬ダム運河拠点を提案した（図20〜22）。

ほかにも、沿道にいくつかの拠点を提案している。

### ⑴新・運河拠点——鳥羽歴史アミューズメントセンターの提案

水郷宮殿として紹介した鳥羽離宮は現在、その発掘が進められている。この離宮とともに隣接する鳥羽港を復元して、歴史テーマパーク、あるいはアミューズメントセンターとして京都なら

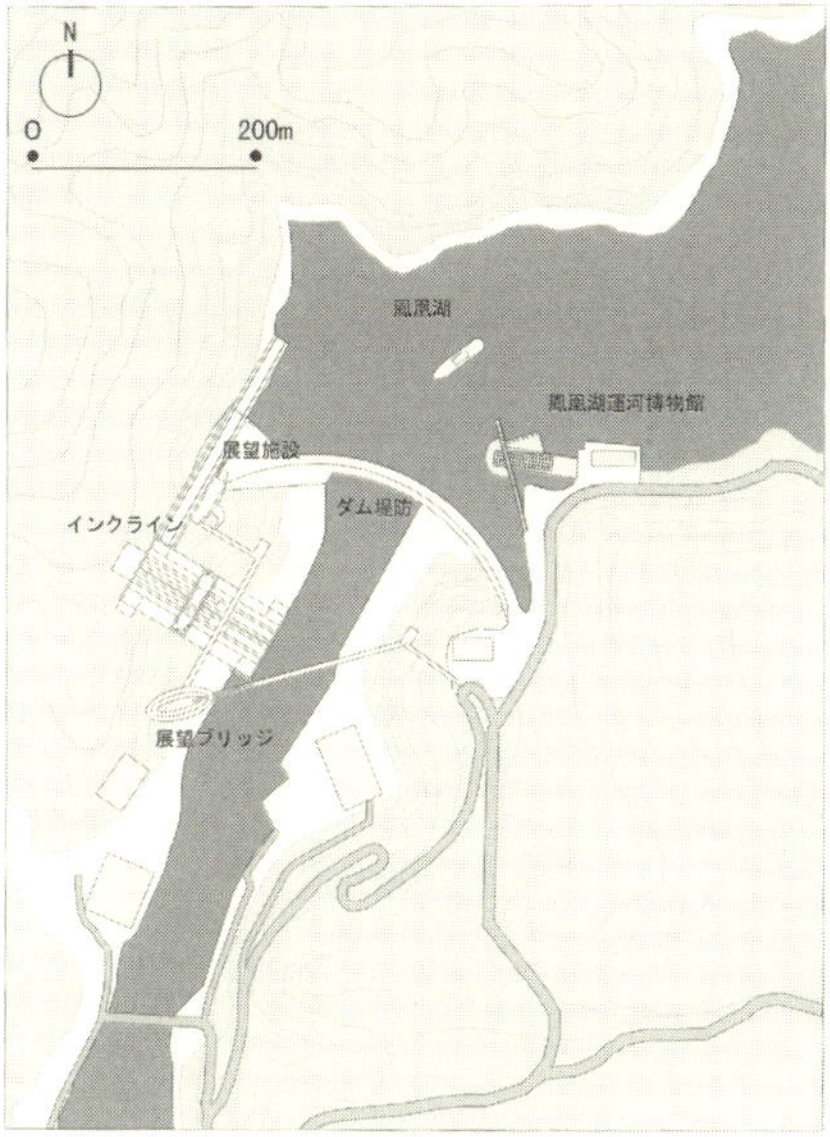


図20　天ヶ瀬ダム・運河拠点計画配置図

図19　アルズビエール（フランス）のインクライン／船を載せたプール付き移動台車を仰瞰

図21　天ヶ瀬ダム・運河拠点計画全体模型

## 移動行程

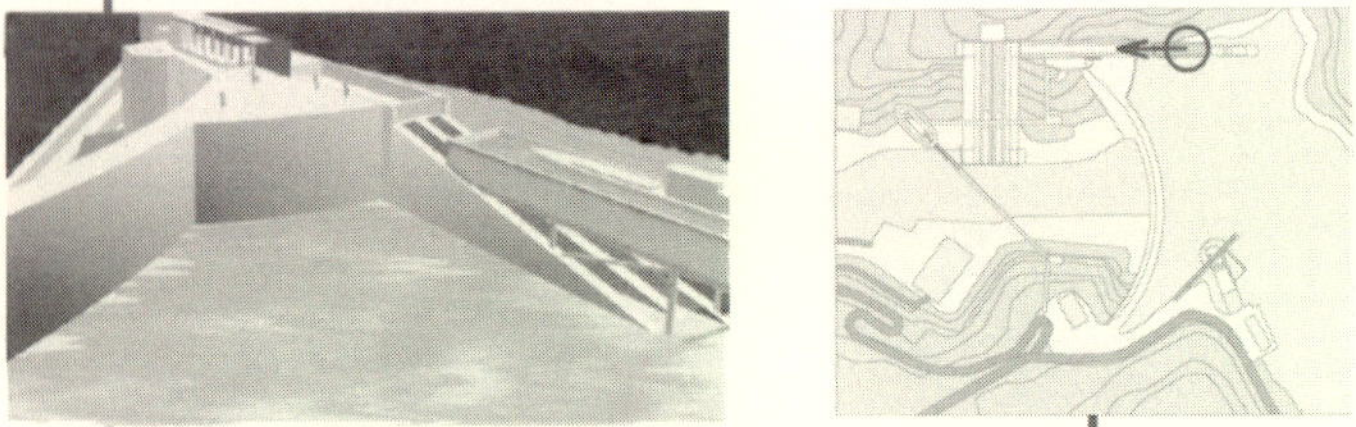

ダム湖側に設置されたインクラインによりダム
湖レベルからダム堤防レベルまで移動する

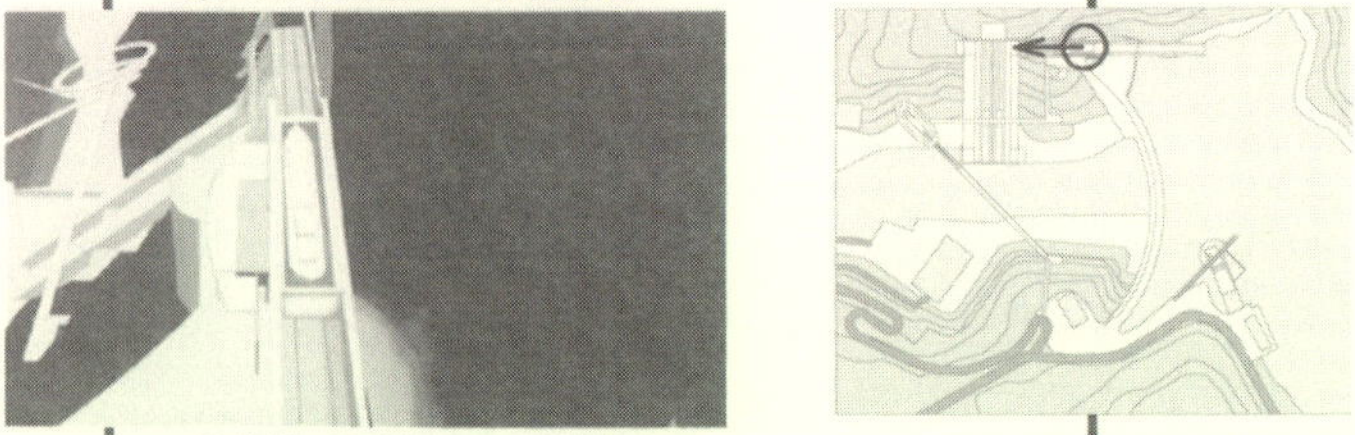

ダム堤防堰に設置されたレール上を船舶の入
った水槽がスライドする

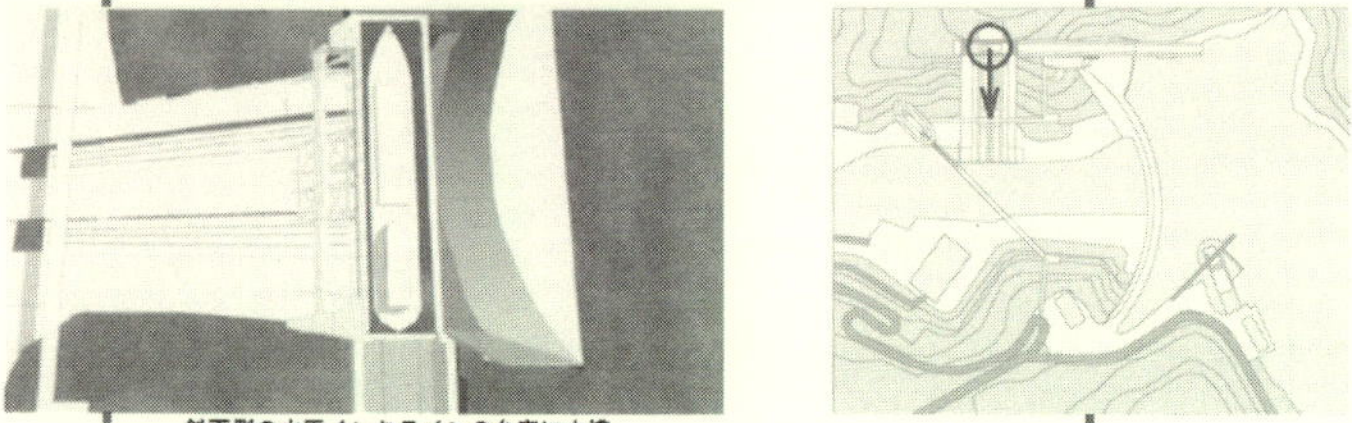

斜面側の水平インクラインの台座に水槽
が固定される

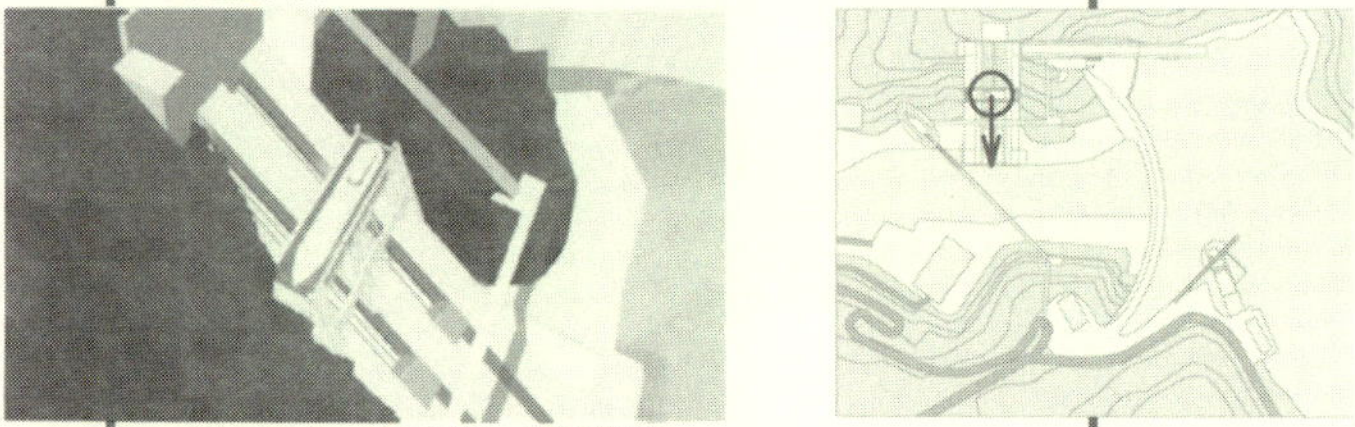

カウンターウェイトを利用し、水槽は斜め横
方向に移動する

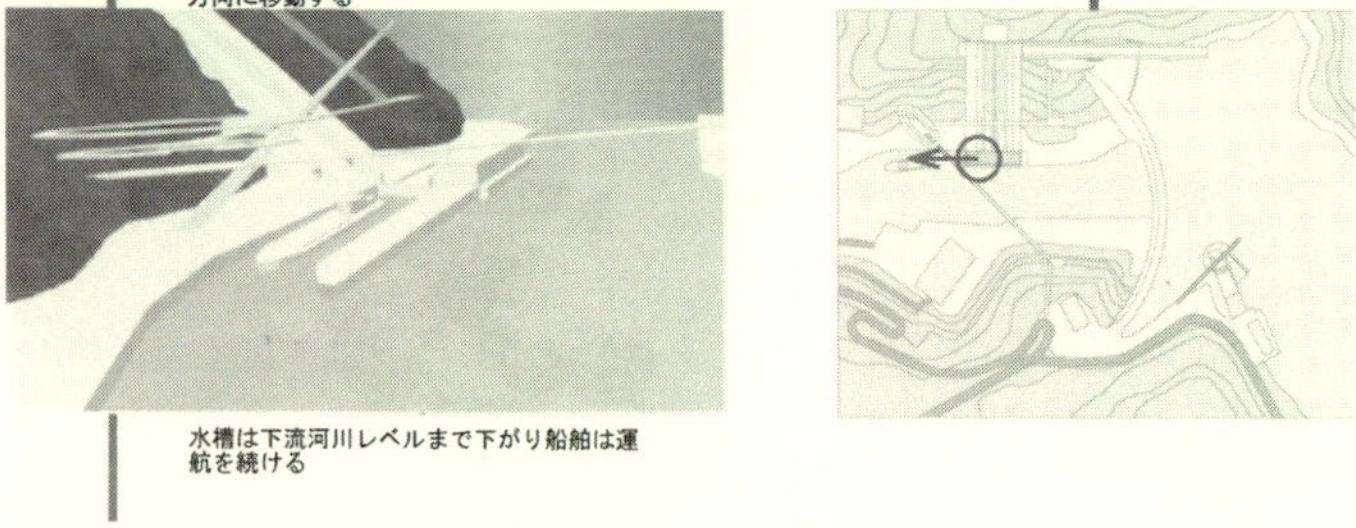

水槽は下流河川レベルまで下がり船舶は運
航を続ける

図 22　天ヶ瀬ダム・インクライン船舶航行プロセス

図 23　鳥羽アミューズメントセンター構想と鳥羽港（手前）の模型

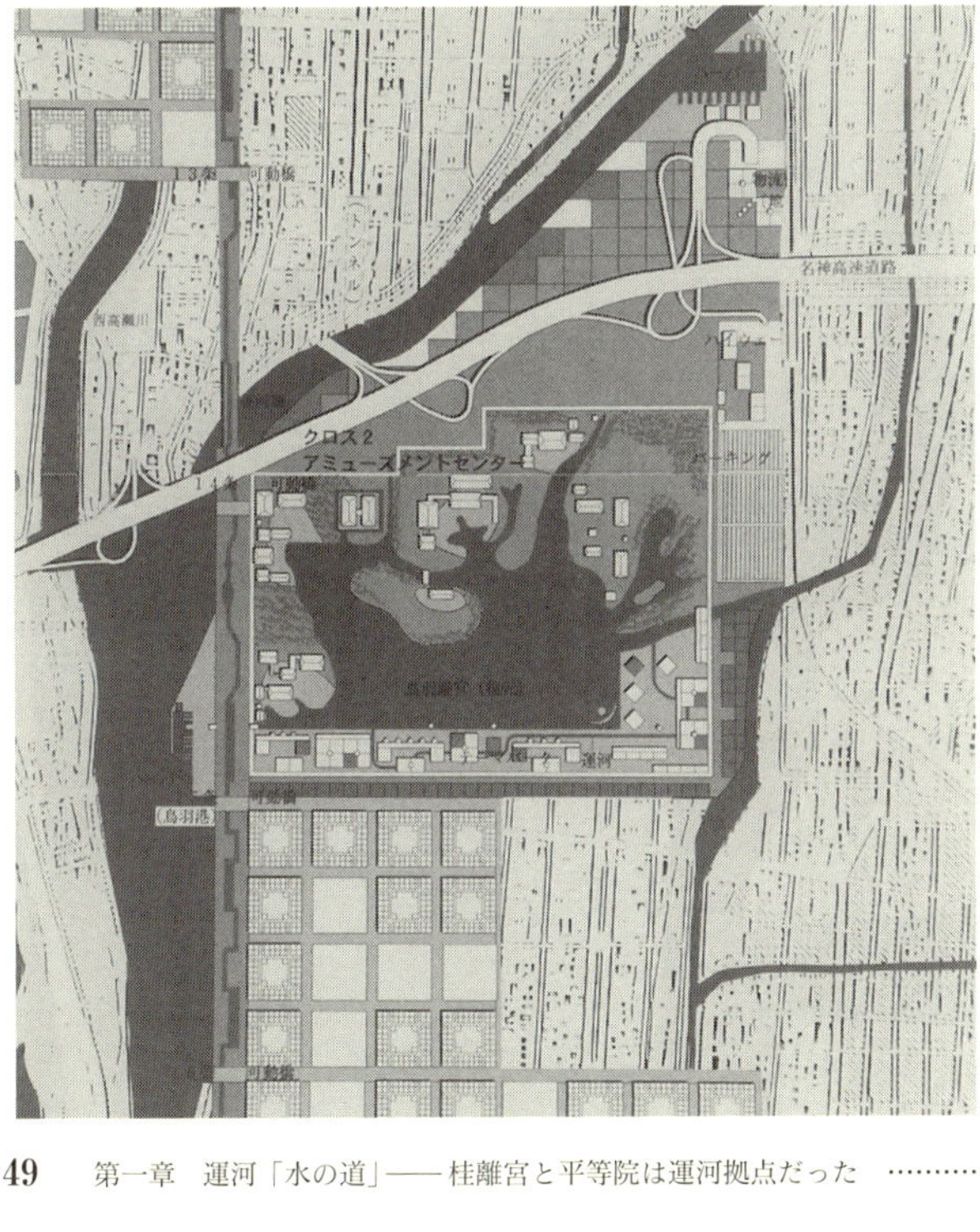


図 24　鳥羽アミューズメント
センター構想配置図

ではの観光拠点・鳥羽歴史アミューズメントセンターを提案するものである（図23、24）。提案は、今日のテーマパークのように新たな施設群を大規模に建設しようとするものではなく、復元そのものが、内容・規模ともに今日のテーマパークとしての性質をもち、遜色ない魅力を展開できるからである。近年、減少が著しい中学生や高校生の古都への修学旅行を食い止め、現代っ子が求めるようなエンターテイメント性のなかに、歴史や文化を識る手立てを盛り込んだ拠点としたいと考えている。

大きな水面に竜頭鷁首《げきしゅ》の舟を浮かべ、歴史装束をまとって管弦を奏でるイベントは、京都らしさをダイナミックに表現できるものと考える。さらに船遊びを通じ一般の人々にも運河の楽しさを体験できるような運河拠点を形成する。

⑵新・運河拠点——京都・新研究学園都市の提案

京都は中国の長安の都市計画を模して、四神相応の風水都市として建設された。いわば今日でいうところの環境共生都市であった。現在でも三方を山に囲まれ、南面が開けてはいるが、風水都市としてあるべき大きな水面がどこにも見当たらない。かつては都の南、伏見の南には巨大な巨椋池が存在していた。その大きさは周囲一六キロメートル、七九四ヘクタールに及ぶものであった。この巨大な池は、東京に建設された巨大埋立人工島、夢の島と同じ発想で、京都市から排出されるゴミを捨てて陸地をつくり水田や新興住宅地として昭和の初めごろから埋め立てられてきた。

巨椋池には元来、風水的な視点とともに、先に述べた歴史的な運河拠点といえる淀城と伏見の中間に位置して、治水的にも宇治川の氾濫時に巨大な遊水池として機能していた。そこで、われわれは旧巨椋池に広がる田畑に宇治川の水を引き込み、巨椋池の遊水機能を復活させて、洪水に対応できるだけではなく渇水時の水源ともなりうるような京都ならではの新しい運河都市を提案した。

多くの大学が京都を離れて久しいが、都心では大学や研究施設の敷地を十分に確保できなくなったという事情もある。そこで、この運河都市に大学を呼び戻し、研究施設やハイテク産業を集積させたいと考えている。この運河拠点は、先に提案した鳥羽歴史アミューズメントセンターと、鴨川や東高瀬川などを改修して「水の道」によって直接つなげることを提案している（図25、26）。

さらに、ここに三〇〇トン級の物流船が停泊可能な河川港を設置し、名神高速道路の京都南イ

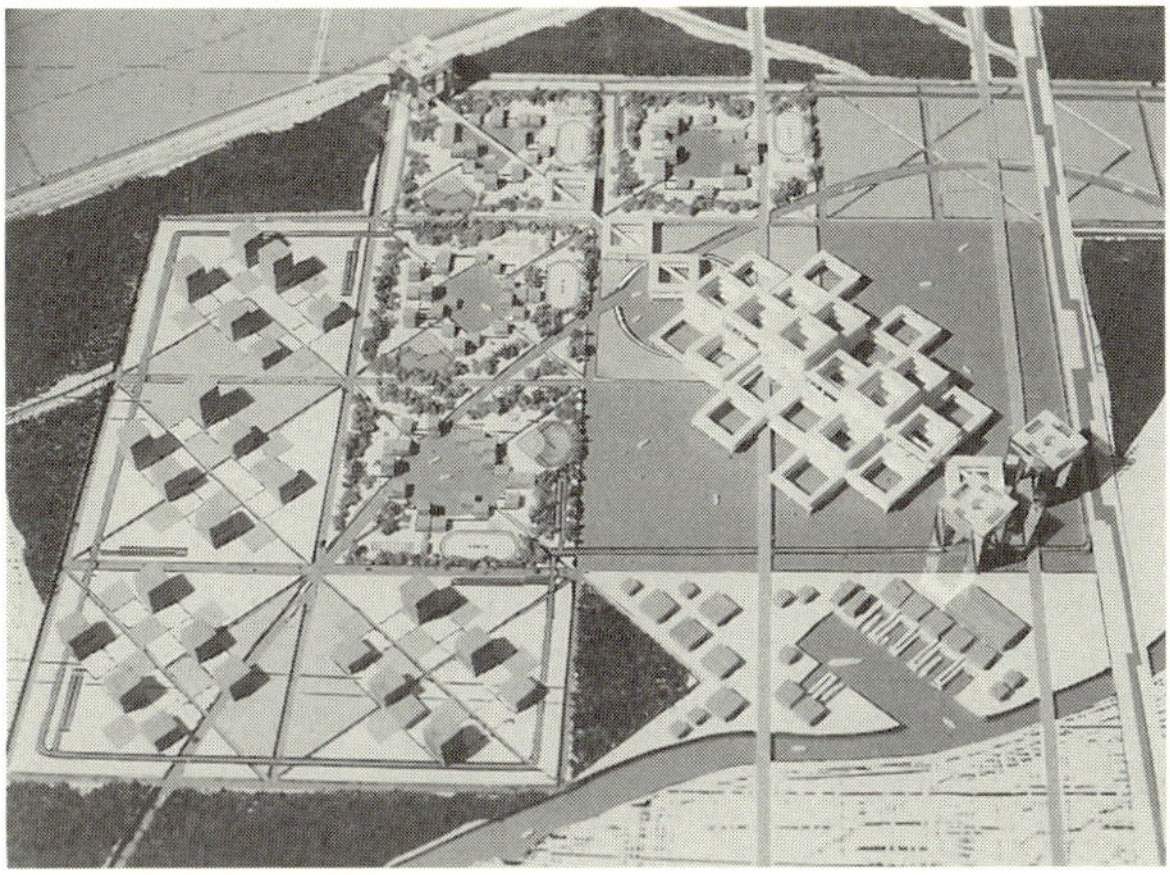

図25　京都・新研究学園都市構想と伏見河川港（手前右）の模型

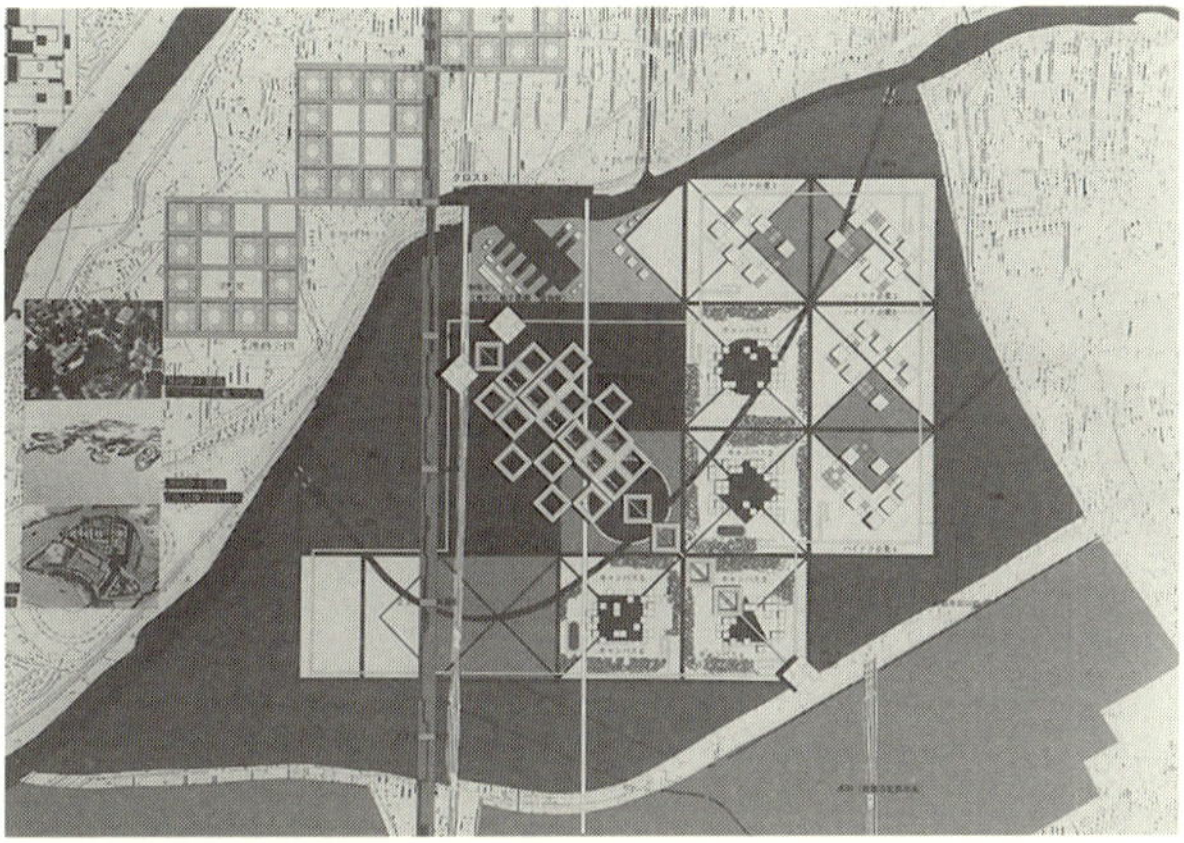

図26　京都・新研究学園都市構想配置図

ンターとの関係を考慮した広域ロジステック（物流）センターとして位置づけるとともに、このインターから京都市内への車の流入を抑える計画を考えた。

### 物流規模と環境負荷量の試算

淀川・水の回廊構想における物流規模と環境負荷について概略的に考察してみた。

具体的には、大阪─京都間の河川舟運への転換の可能性とこれによる環境負荷量の低減効果を試算してみた。これは荒川を対象にまとめた港湾空間高度化センターの「わが国における近代運河の実現可能性に関する基礎報告書」の分析手法を参考としている。

国道一号線の宇治川大橋上流右岸、河口より三〇キロメートル地点の伏見区に河川港としての広域ロジステック（物流）センターを計画した場合、大阪湾四港となる大阪港、神戸港、堺泉北港、阪南港から、提案した河川港の周辺地域、およびその背後二〇キロメートル圏の範囲にわたってトラック輸送が河川舟運にどれくらい転換可能かを調べてみた。さらに、この値から人体に影響を及ぼす自動車の排気ガスのなかに含まれるNOx（窒素酸化物）の排出量を河川舟運に転換することで、どれほど削減できるかについて検討した。

大阪湾四港で取り扱われる、計画地への外貿コンテナ貨物量と港湾貨物量から、一日にトレーラートラック（二四トン）で一三二台、一〇トントラックで約二一一台搬出入されていることが明らかになった。

また、計画河川ルートの状況から、船舶を三〇〇トンの物流船、全長四〇メートル、幅六メートル、高さ三メートル、満載喫水二・七メートルと想定した。

この船舶を三〇〇トンとした場合の、河川舟運への転換の可能率を求めてみる。外貿コンテナ貨物で、現在のトレーラートラック輸送のうち河川舟運に一〇パーセント転換できれば舟運による輸送の一往復分に当たる貨物量は十分にあることが明らかとなった。また港湾貨物の場合では、一〇トントラックによる輸送量のうち河川舟運に一五パーセント転換できれば舟運による輸送の一往復分に当たる貨物量は十分にあることが明らかとなった。

この結果、外貿コンテナでは河川舟運が一往復するとトレーラートラック約二五往復分に相当し、港湾貨物では一〇トントラック約六〇往復分に相当することが判明した。

この外貿コンテナ貨物、港湾貨物を、それぞれ河川舟運を一日一往復ずつ、計二往復させた場合、人体に影響を及ぼすNOx排出量について一日どれだけ削減させることが可能であるかを算出してみた。

一日のNOx削減量（1kg/日）を一日のトラック減少台数（台/日）、積載量（トン）、河川港から大阪港までの往復の距離（キロメートル）によってt・km当たりのNOx排出量によって求め、トレーラートラック（二四トントラック）のNOx削減量が43.1kg/日、一方トラック（一〇トン）のNOx削減量43.1kg/日と偶然同じ値となり、一日に削減できるNOxの排出量は、合計で86.2kg/日であることがわかった。

さらに、淀川水系沿いには観光名所や企業などが多いことから、物流だけではなく観光や、一部通勤・通学として船を利用することで自家用車の利用の軽減によってNOx排出量をより多く抑えることが可能であると考えている。

### 運河の現況——ヨーロッパと比較して

淀川水系における運河構想を軸に、一〇〇〇年の運河の歴史を京都を中心に明らかにすることで再興の蓋然性を示そうとしたが、この提案はこれまでの大規模なインフラ整備の延長線上の建設とみなされるかもしれない。しかし、提案の骨子は車一辺倒の交通社会からの脱却であり、いろいろな交通システムをもつ都市の豊かさを「環境」「資源・エネルギー」「防災」の視点からモデルとして提案した。また、この提案を試みるにあたり、フィレンツェのアルノ川を水路として位置づけ、この内陸都市を国際貿易都市として考えたレオナルド・ダ・ヴィンチとニッコロ・マキャヴェッリの二人の天才による大事業計画「フィレンツェ海港化計画」[*3]の存在に大いに勇気づけられた。そして、運河において重要な施設の一つ、ロックの原理を発明したのも、このダ・ヴィンチであった。

そうした一方で、一般の人々が車にあふれた都市に見切りをつけて、せめてテーマパークのなかだけでも、車をやめて環境にやさしい「電気自動車」や「船」を利用することで、都市で解決できない交通の諸問題をクリアしているという現実も無視できない。また、全ヨーロッパ的広がりのなかで、運河の再興がダイナミックに進められているだけではなく、一般の人々を対象とした運河のクルーズやアメニティ性の高いスポットが形成されている。

そこで、最後に、日本における擬似運河都市としてのテーマパークとヨーロッパの運河状況、特にクルーズを通して運河にかかわる人々を対比的に紹介したい。

これまで京都を中心に、運河と運河拠点の魅力を述べてきたが、わが国では水運がほとんど衰退の傾向にあり、わずかに観光クルーズ船が各地に復活している程度の現況である。このようななかで、すでに「水の道」を未来的なインフラストラクチュアとしてとらえ、これに魅力的な施設を付加して多くの集客力を集めているスポットが数多く出現している。

これが運河リゾート都市ともいえるハウステンボスであり、また運河商業都市ともいえるキャナルシティ博多である。さらに、さかのぼれば東京ディズニーランドも運河を園内のみならず各施設内の重要なインフラストラクチュアとして利用している。この東京ディズニーランドに隣接して現在計画されている「シーワールド」も海がテーマであり、お台場からの船のアクセスも考慮されているとのことであり、運河・水の道がさらに重要な交通手段として位置づけられることが予想される。

今日の車一辺倒の社会において、園内だけはせめて車をやめて環境にやさしい電気自動車や、

*3　ロジャー・D・マスターズ、常田景子訳『ダ・ヴィンチとマキャヴェッリ——幻のフィレンツェ海港化計画』朝日新聞社、二〇〇〇年

非日常的な船による回遊を図ることによって、今日的な交通にかかわる諸問題をクリアし、擬似的なマルチモーダルな未来社会を形成していると考えることもできる。これを裏づけるように「二一世紀に遺したい日本の建築」（建築ジャーナル、二〇〇〇年一月号）として先にあげた桂離宮や戦後を代表する現代建築の一つ、国立代々木体育館などをあげる人々のなかで、東京ディズニーランドをベストワンとしてあげた身障者がいる。バリアフリーまちづくりハウス事務局長の小島直子氏で、「快適に園内で楽しむことができるさまざまな工夫がされている」とその選択理由を述べている。

さらに、この東京ディズニーランドも、博多キャナルシティも年間一〇〇〇万人を超える集客力があることは、「水の道」を考えたマルチモーダルな社会へ、さらには高齢者や身障者だけでなく交通弱者に対応できるユニバーサル・デザイン都市への移行を求める市民の積極的な意思表示とみることができる。

このような運河拠点をあえて擬似的な運河拠点と位置づけて、その魅力を探ってみる。

(1)ハウステンボス（設計：日本設計）

敷地は、高度経済成長期に臨海工業団地造成の一環として、長崎県早岐瀬戸に面した大村湾を埋め立て、工業団地を造成したことにはじまる。当時、同じ湾内で長崎オランダ村の観光事業を進めていた企業が、海を埋め立てた工業団地の広大な敷地を、本来の生態系に蘇らせて自然を再生することからはじめた街づくりであった。今日のミティゲーション的な手法を応用した開発といえる。先駆的な開発手法をとったその具体的な方法が、運河を中心とした水環境整備に伴う運河リゾート、あるいはエンターテイメント都市の建設である。

この建設のモデルとなったオランダは一二世紀ごろから内海に面した運河を中心に漁村が形成されていた。この運河をインフラストラクチュアとして、土地を拡大して周囲に集落を建設し、さらに運河によってエリアを広げる方法を、このハウステンボスの開発のプロセスには応用され

**図27　大村湾に面するハウステンボス／**外海のハーバーと内陸運河とをつなぐ手前ロックと可動橋の跳ね橋

**図28　タワーから俯瞰したハウステンボスの運河と街並み**

ている。この運河を巡らす都市建設の方法は、すでに紹介したわが国の川城や海城の建設、たとえば、すでに述べた淀城などの建設プロセスにも近いといえる。オランダを模しているが実は本来日本的な築城手法の一つであったと考えることもできる（図27、28）。

この運河リゾート都市としてのシンボルは、二つのロックと、ここに架かる可動橋である。ロックは湖位差を調節し、船の運航ができるようにコントロールする目的があるが、その可動のプロセスは船上の人々と、陸の人とに暖かい交流を生むきっかけとなっている。ハウステンボスでは、この目的でロックコントロールをメニューとするクルーズも用意されている（図29）。

⑵キャナルシティ博多（設計：ジョン・ジャーディー）

福岡の中心的な「水の道」、那珂川に面した工場跡地を再開発した複合商業施設群である。敷地の真ん中を長さ一八〇メートルの運河（キャナル）が走り、この運河に向けて曲線を多用した六つのビルが並ぶ。特に劇団四季の常設劇場を中心に最大一三のスクリーンをもつ映画館群、高級ホテルなどが設けられている。

しかし、この運河はつくり物である。那珂川とも直結しておらず、船を走らす構造ともなっていない、にもかかわらず違和感がない。運河の構造は、運河を中心に街づくりを進めている、アメリカのコンベンション都市サンアントニオやオランダの運河都市ユレトヒトを想わせる（図30、31）。その共通性は、水面のレベルが歩行空間に近くにあり、人が水と親しめる雰囲気が漂っている点で先の安藤忠雄氏設計のタイムズにも共通する。

パーンという破裂音とともに水路から突然噴水が飛び出し買い物客から歓声が上がる。しかも、水辺の舗装パターンも建物のかたちも奇抜で色鮮やかである。今まで取り上げた運河拠点にはない活気を感じることができる（図32、33）。

設計者はカリフォルニア、サンディエゴに一九八五年にオープンしたユニークなショッピングセンター、ホートン・プラザの設計者であり、この魅力に感動したオーナーが直接設計の依頼に

図29　ハウステンボスの運河を航行する観光船

**図30　運河コンベンション都市・サンアントニオ（アメリカ）**／水辺に近いレベルに設置されたプロムナードにレストランの客席が並ぶ

**図31　運河都市・ユトレヒト（オランダ）**／橋上から川底の水辺レベルに近いプロムナードを望む

**図32　キャナルシティ博多**／運河に浮かぶ舞台と立体的な円形の客席

**図33　キャナルシティ博多**／運河と水辺のプロムナードに並ぶ屋台風ミニショップ

出向いたと聞いている。

(3)ヨーロッパの運河

ヨーロッパでは、主要な交通路としての鉄道・道路・航空路だけではなく、古くなった運河でも航行可能な運河は、川との連続性を図ってヨーロッパ中を網の目のように張り巡らされている。さらに、ヨーロッパの主要幹線運河はEU統合に向け、一九五七年に標準規格となった一三五〇トン級の船舶に対応するような運河改修や新設工事がダイナミックに進められている。

運河技術でもっとも重要な施設の一つ、水位差をクリアするための運河施設についても、より高い水位差をクリアするための技術革新が進められている。これまでロック方式によれば、一七、一八世紀ごろだと一つのロックで四、五メートルが限度で、それ以上は何度もロックを渡る連続式のロックで対応してきた。その後の技術革新で三〇メートルぐらいまでは可能となった。最新の例では一〇〇メートルにも及び、いくつものロックによらずに一気に高さをクリアして航行時間の大幅な削減が図られている。

このロックとともに水位差をクリアするための施設であるリフトについて見てみることとする。現在工事中のベルギー中央運河のストレッピー・ティーユでは水位差七三メートルを一挙にクリアする上下二連の巨大リフトがまもなく完成する。これによって一三五〇トンの船を収容する水槽は計八〇〇〇トンにも及ぶが、その動力はカウンターウエイトによる省エネ対応が考えられている(図34)。さらに、この新しいリフトによって一〇〇年前に建設された四つのロックが運河施設として現役でありながらも世界遺産に指定された。

このように欧米では、歴史的な運河を、わが国とは違って埋め立てることなく大切に保全してきたことで、単に物流の視点からだけでなく、日常的に市民の貴重な水辺のアメニティ空間として利用されている。

その象徴的な存在である運河のクルーズは見逃せない。エーゲ海クルーズに代表される「海」

図34　ベルギー中央運河のストレッピー・ティーユの巨大リフト工事現場／手前はすでに設置されている新旧運河ルートを示すモニュメント

**図 35　ブルーリボンと呼ばれるイエタ運河（スウェーデン）クルーズ**／ロック内の船からスライド式の可動橋を望む

**図 36　イエタ運河クルーズと沿道住民の歓迎**

**図 37　ミディ運河（フランス）クルーズ**／卵型連続ロックとプレジャーボートの航行

**図 38　ブルゴーニュ運河（フランス）クルーズ**／ロックにおける子供との交流

のクルーズはある程度イメージはできるだろうが、運河のクルーズにおける間近に迫る水辺の景観の変化は海のクルーズにない大きな魅力の一つである（図35〜38）。

まず、スウェーデンのブルーリボンと呼ばれる運河クルーズがある。これはスウェーデンの西海岸の都市イエテボリと東海岸の首都ストックホルムをつなぐ五六〇キロメートルを最大水位差九一メートル、六五基ものロックによってクリアして、航行する三泊四日のクルーズである。

また、すでに紹介したフランスのミディ運河は、大西洋と地中海の二つの大海を川と運河によって連結されている。特に、卵型の石造りのロックや、運河橋などの伝統的な運河施設が多く遺されているばかりではなく、前述したハイウェーと運河の結節点に、ホテルや博物館、物産館などを集積して、ポート・ロラージのような新しい時代の交通拠点も建設されている。

ヨーロッパにおける運河クルーズの健在は、「水の道」における単に人と物の移動を超えた魅力を象徴している。

以上、わが国における運河の歴史と、現代人がテーマパークに求める矮小化した運河への憧れとヨーロッパの運河の現況をふまえて、京都を中心とした淀川・水の回廊構想の可能性について提案した。

# 第二章　港「海の道」

## ——失われゆく歴史的港湾と海城の再生

## 石の系譜としての海城

紀貫之は土佐から航路によって京都をめざした。紀淡海峡、和泉の灘を過ぎて淀川の河口へ北上する。たぶん、住吉の松原越しに社と鳥居を眺め、都に近づいたことを実感したのであろう。住吉は神社とともに、住吉の津として内陸に自然の地形を生かした掘り込み型の港を有していた。

大阪湾に位置するこの和泉の灘や住吉を含む瀬戸内海の景観を視覚的にとらえるのに多くの絵図や地図が残されている。特に、江戸時代中期に描かれた大日本道中図屏風（三井高道蔵）を概観すると、当時の沿岸域の状況を大局的に知ることができる。この屏風では、陸域に国名、港を含む都市名に加え、山、川などの自然景観が記されている。海域には青地をバックに白い線描で波を抽象化し、鳴門に代表される渦の名称なども図示されている。さらに航路が描かれて主要都市間の距離も示されている。

また沿岸域には、多くの建造物や集落が描かれ、もっとも目立つランドマークは城郭と神社仏閣である。私はかつて、わが国の沿岸域の空間利用を歴史的な視点でとらえるべく特に建造物に着目して、瀬戸内海の宮島にある厳島神社の海上木造社殿を〈木の系譜〉のシンボルとし、一方城郭のうち特に港湾機能を有している海城を〈石の系譜〉のシンボルとして位置づけた。

この海城を歴史的な視点で取り上げた理由は、現代の沿岸域の開発における埋立人工島の起点であることと、第二にわが国の沿岸域から失われつつある海城について、何とかその空間概念を後世に残す手立てを考えなければならないと考えたからである。そこで当時、もっとも海城としての保存修復性の高い可能性を有していた高松城をモデルに修景計画をまとめ、一九九二年に発表した。

瀬戸内海の海城を概観してみると、この高松城は河口の洲を利用して築城したもので、これに近いものに今治城があり、また三原城や赤穂城は河口の島を利用して城を形成したものである。

さらに、摂津の大物浦の良港を利用した尼崎城などの例もあり、いずれも自然の地形、特に海の地形を生かした縄張りがなされていた。

そして、このような江戸時代の海城建設の技術的延長線上に、幕末期の東京湾などの「台場」や明治期の「海堡《かいほう》」、そして現代の「埋立式巨大人工島」にまで連続する系譜を見ることができる。

このように海城は技術的に現代の人工島との連続性を見ることができるが、決定的に違う点は、現代の埋め立てが海の暴力的ともいえる陸化に代表される、質よりも圧倒的な量の論理によって計画されている点である。

この質と量のほどよいバランスを図った歴史的な事例がヴェネツィアの海上都市である。すでに述べたように水城が川の水を引き入れて幾重にも堀を巡らす空間構成は、小人工島群からなる海上都市・運河都市であるヴェネツィアに近いといえる。

本章では古琉球時代の首都・那覇における海城の特異な存在を明らかとするとともに、歴史的港湾としての那覇港の再生を核とした那覇アジア交易センター計画を提案する。

また、この計画の中心となるウォーターフロント開発について、わが国でブームとなった一九八〇年から二〇年間の開発の史的評価を試みた。これによってバブル崩壊後のウォーターフロント開発のあるべき方向性を示そうとするものである。その結論の一つとして、ウォーターフロント開発における歴史的視点の重要性を明らかとし、これを本章で提案する那覇アジア交易センター計画にどう具体化するかを大きなテーマと考えた。

**沖縄・那覇の都市構造**

「那覇港之図屛風」（山城時計店所蔵）は、古琉球時代の豊かな港湾風景を描いている。港にはまず特徴的な城壁の構成からなる人工島がいくつか見られる。しかし、この人工島には城郭がなく、沖縄独特のいわゆるグスク（城砦）と同じような構成である。この海上のグスクは機能的には本来砲台であったり見晴らし台であったのではないかと思われる。そして、これらのグスクと陸とを結ぶ長大な石橋群などが描かれている（図1）。

この屏風図の魅力は、海に展開する変化に富んだこれらの構築物の構成とともにこれをしのぐボリュームで多数の船と人が細かく描かれている点であり、そしてその国際的な賑わいである。進貢船《しんこうせん》と呼ばれる国際貿易用の琉球所属の大型船を中心に、この船をサポートする中小の舟は沖縄独特の色彩に彩られ、船には多数の旗がたなびいている。さらに船内を含め港にも、さまざまな国の衣装をまとった人々が描写されており、これまで見た瀬戸内海を中心とした絵図や地図では味わえないエキゾチシズムが漂い、賑わいあふれる独特な港湾風景が描かれている。

那覇港を中心とした古地図や絵図をいろいろと調べていくうちに、港と首里城を一体とした首里那覇鳥瞰図（沖縄県立図書館東恩納文庫所蔵）の存在がわかった（図2）。この鳥瞰図を紹介している吉川博也氏の『那覇の空間構造』によれば、この図は大交易時代の古琉球時代に完成した首都の都市空間を示しているという。これによると政治都市としての首里と港湾都市としての那覇とがセットとして構成されているというのである。港のグスクに城郭はなく首里がその機能を果たしていることが理解できた。

当時の世界帝国である中国との関係を、中国への進貢国として仲間入りすることによって、中国の冊封体制のもと国際的に安定した琉球が保障された。「冊封《さっぽう》」とは、中国皇帝の名において琉球の覇者の地位を国際的に保証するものである。

那覇の市街地は、港に隣接する「浮島・うきしま」に広がっているが、ここに中国からの冊封使を迎える迎賓館としての天使館など王府の重要な施設群が立地した。

また、「うきしま」から首里への重要な陸路であるインフラストラクチュア「長虹堤」は石造技術の粋を集めたもので、七つのアーチからなり、「グスク」とともに「橋」における石造文化

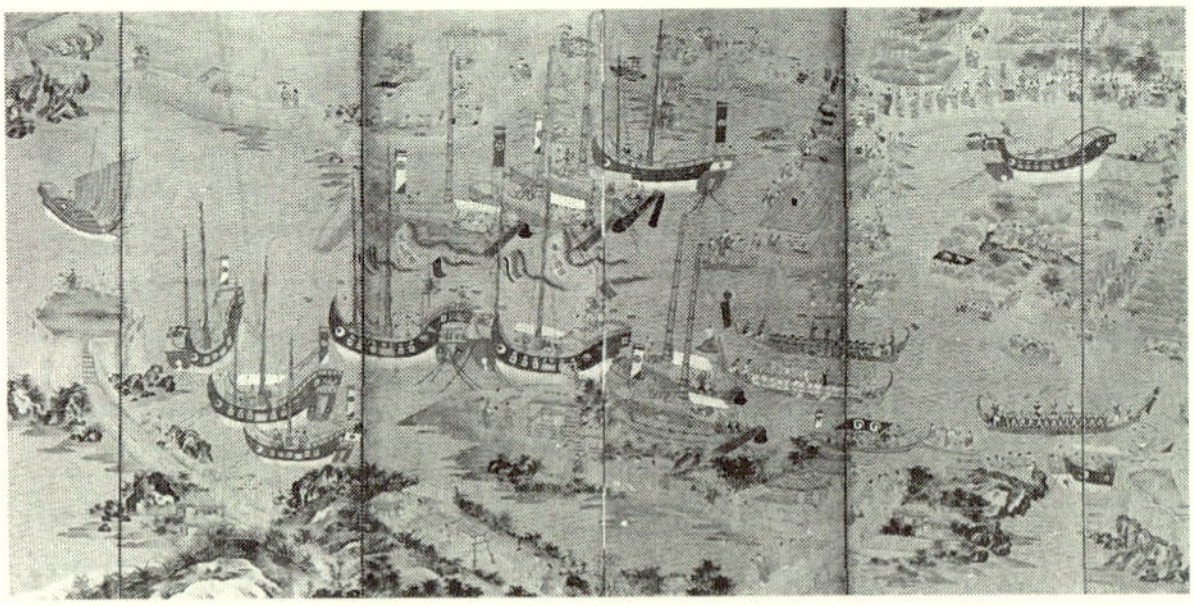

図1　那覇港之図屏風

の形成を沖縄に見ることができる。この長虹堤によって、港と城を結ぶ陸路の整備が完了し、国際港湾都市としての那覇の地位が不動のものとなったのである。

## 首里城の復元

ここで首里城を取り上げるのは、単に沖縄のシンボル的建築としてだけではない。これは日本建築における新たな建築的系譜の一つとして沖縄の建築を加える必要があるのではないかと強く感じたからである。

ドイツの建築家ブルーノ・タウトは、日本建築の系譜を「桂的」と、いかものとしての「東照宮的」を対比的にとらえた。タウトの「桂」を代表とする日本建築を数奇屋の繊細さによってとらえる視点と、いかものとしての「東照宮」に対し、私は出雲大社、大仏殿、清水寺などに代表される技術的な表現を前面に打ち出した豪快な建築型の流れを考えたい。さらに日本建築をタウト流の「桂的」と「東照宮的」による二元論的なものの見方に対して、私は「桂的」と「出雲的」に「沖縄的」な建築を加えた三元論的な考えが必要であることを、この沖縄の計画を進める過程で感じた。

比嘉政夫氏は沖縄を、かつて日本の古層とか源流を探す目で見られることが多かったと述べている。そしてようやく「沖縄」がユニークなもの、独自なものと見られるようになってきたという。「沖縄」の歴史を見ても、他（多）と同じであることを求めて安らぐという姿勢から他と違う自分を見つけるという考え方に変わってきていると述べている。身近な例として氏は「音楽」をあげている。同様な視点で日本建築の系譜に「沖縄的」な存在の重要性を強く感じる所以である。

このような視点から沖縄の代表的建築としてこの首里城について眺めてみよう。

首里城の復元なくして沖縄の戦後は終わらないという沖縄県民の世論を背景に、首里城の復元

図2　首里那覇鳥瞰図

工事が進められたことはいうまでもないだろう。復帰前からその一部となる守礼門や円覚寺総門、国比屋武御嶽石門が、そして復帰後は歓会門、久慶門そして玉陵の復元が進められてきた。特に城跡にあった琉球大学が移転し一挙に復元が進んだ。

首里城の機能はまず琉球王国の拠点であり、国王とその家族が居住する王宮であり、政治や行政、外交、貿易の中心である。さらには、冊封使を歓迎するために発展した芸能を中心とする琉球王朝文化の誕生、育成の舞台であり、祭礼の中心でもあった。まさに首里城は古琉球のシンボル的存在であった（図3、4）。

図3　首里城

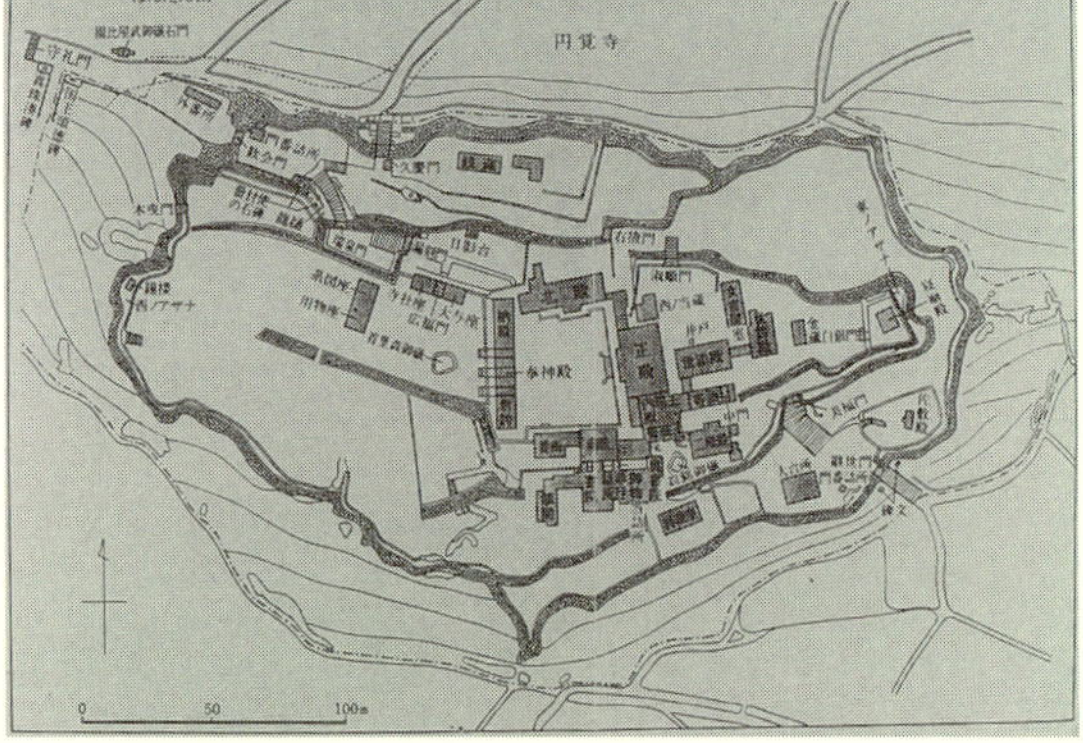


図4　首里城配置図

首里城は、那覇市東部の標高一二五メートルの丘陵地に立つ。城内からの眺望だけでなく遠く那覇港に入港する船からも、残された絵図や屏風のように那覇のシンボルとして仰ぎ見られたはずである。その形状はギリシャのアテネにあるアクロポリスのそれである。

首里の建築としての特徴は、まず起伏の多い地形を巧みに利用し、グスクの伝統による城壁のなめらかな自由曲線とその立体的構成からなる配置計画にあり、これは本土の城郭とはまったく異なった形状である（図5〜11）。

城の全体は、中庭を単位として大きく二つのコート、内郭と外郭とに分けられる。

内郭としての御庭・ウナーは、東西三五〇メートル、南北一四〇メートルほどで、主なアプローチは西側、すなわち那覇港の方向に向き、したがって中心的建築物となる正殿もまた西面する。港の方向となる西から城を進めば、勧会門・瑞泉門・漏刻門・広福門を通って、下の御庭と呼ばれる外郭に達する。ここからさらに奉神門を潜って先に述べた内郭御庭ウナーに至る。御庭は、不整形の矩形で、その広さと周囲を囲む建物とが絶妙

図5　正殿（左）と南殿（薩摩接待所）

図6　正殿／外観の「色彩」と「龍」のモチーフが特徴的

図7　御庭／正殿と平行な磚と直角方向の浮道による特徴的な舗装

図8　正殿と北殿（中国使者の接待所）と御庭（内郭）

な釣り合いを有している。これはちょうどヴェネツィアのサンマルコ広場における不整形の大広場の形状とその空間性に共通性を見い出すことができる。

広場に関連して、特に御庭の床面の舗装はきわめて特徴的なデザインと色彩で、これもサンマルコ広場をはじめとする中世のヨーロッパの広場に近い（図12、13）。正殿と平行に磚《せん》（平らな煉瓦）が帯状に敷かれ、また正殿の正面中央と奉神門の中央とのあいだには浮道という磚敷きの通路が延びている。御庭は儀式空間であるから、浮道はその中心軸を示し、帯状の磚は参列者や式具の位置の目安となっている。

この中庭の舗装の形状は、シエナのカンポ広場におけるトラバーチンの放射状のボーダーラインや、サンマルコ広場の幾何学模様に近く、きわめて印象的なデザインである（図14）。

この御庭でさまざまな年中行事や、国際的に重要な式典が行われた。御庭は形態だけではなく、ヨーロッパの都市における広場の機能を有していたことになる。その御庭を取り囲んで、正

図9　下の御庭／外郭としての広場

図10　首里城のグスクの構成と遠く西方向に海を望む

図11　丘の上の首里城建築群はまさにギリシャ・アテネのアクロポリス

図12　運河都市ヴェネツィアのサンマルコ大広場とその舗装パターン

殿を中心として左右に北殿・南殿が、ゲートとなる奉神門が正殿に面して立つ。

北殿は儀式殿ともいい、王府の行政施設であるとともに、冊封使が訪れたときには使者の接待場所としても使われた。一方、南殿は薩摩侵入（一六〇九年）以後、薩摩使の接待所として使用されたが、年賀の儀式をはじめとする多くの行事の場でもあった。また、北殿が「中国風」のデザインであるのに対して、南殿は「和風」につくられた。このように各建物は、特別な外交を有する琉球ならではの政治的状況と国際性を反映している。琉球・中国・和風（薩摩）の建築が違和感なく並び、さらに「ヨーロッパ的な広場」によって空間的に集約されている。

そして、中心となる正殿の圧倒的なデザインの強烈さが、広場全体を華やかなものとしている。前述した広場の形状だけにとどまらず、空間的にもヴェネツィアのサンマルコ広場におけるサンマルコ教会の役割に近いといえる。このサンマルコ教会は、東方のビザンチンの雰囲気をもつ建築で、ヴェネツィアが海外貿易によって繁栄を築いたシンボル的形態の建物である。一方、琉球が中国の後ろ盾で東南アジアの海域での貿易によって繁栄が約束された状況とともに、そのシンボル的建築の原型を中国に求めた点でもその共通性を見い出すことができる。

この首里城の復元について『INAX REPORT』が詳しく特集している。これから述べる首里城の建築的概要は、この冊子における福島清氏の「首里城正殿《幻の琉球建築》が蘇るまで」を参考としている。

正殿は、正面一一間（約二九メートル）、側面七間（約一七メートル）の規模で、正面中央には五間の張り出し部分があり、さらにその中央には三間の唐破風（向拝）が付く。屋根は入母屋造り、本瓦葺きで、大棟両端ならびに向拝前端に特徴的な龍頭棟飾が付いている。

建物の外観は重層、裳階付きであるが、内部は三階に分けられている。その一階と二階が主要な空間であった。一階では国政を行い、また元旦・節句・稲の穂祭などの年中行事を行った。二階の用途は不明なところが多いが、国王の中心的施設であり、国王親族の繁栄や国家の安穏を祈

図13　ヴェネツィア・サンマルコ大広場回廊より眺めるビザンチン様式のサンマルコ寺院

図14　シエナのカンポ広場の舗装

る祭祀的機能を果たした場所であったらしい。二階西端に「唐破豊《からはふ》」と呼ぶ小部屋があり、ここから御庭を一望することができる。整列した諸官が、国王に謁見する場所だったのであろう。サンピエトロ寺院の法王が信者に祝福を与えるバルコニーに近い機能である。

日本建築の特徴を「てりむくり」の視点でとらえた立岩二郎氏はその著書『てりむくり』で、このてりむくりの象徴として唐破風のデザインを取り上げ、屋根における日本的な「むくり」と中国的な「てり」の融合の形式であることを述べている。

首里城の正殿を、中国的なデザインをベースにしながらも、日本的融合の象徴をこの唐破風の向拝にすえた絶妙な国際的バランスを感じ取ることができる。

このような国際的な視点による沖縄の建築に対して、先に述べたように日本建築における三元論的視点でとらえる必然性を強く感じたのもそのためである。沖縄の建築を無理に日本建築の源流と位置づけたりしないで、独自の大きな魅力ある存在と考えるべきである。

正殿の天井高は一階が二・四メートルであるのに対して、二階は四・二メートルであるから、二階こそが正殿の主要階だったとみてよい。一、二階とも国王の御座所（玉座）となる御差床が同じ位置にあり、建物の中心の柱間に設けられている。四隅の柱をすべて朱塗りにし、正面の二本には金龍と五色の雲が描かれている。二階の御差床は須弥壇に近い形式で、壇上の高欄・龍柱、羽目板の彫刻など、豊かな装飾で囲まれている。

正殿の建築は様式、構造ともに日本には例のない形式で、野屋根である。これは大きな屋根を支える架構をその屋根裏に組むという一般的な技法とは異なり、天井と屋根面とのあいだに外からは見えない広い空間をつくる方法である。構造は内部に露出しており、その意味でこの建築は中国の手法に近いが、しかし中国にこれと同じ構成をもった建築が見当たらないという。やはり、首里城正殿は沖縄独特の創意と工夫によるものとみなすべきであろう。

正殿の主なモチーフとして龍が多用され、また、国王の象徴として赤（朱色）が多く用いられている点も、中国との関連がきわめて深いことを物語っている。

この首里城の復元にも直接かかわり、『琉球王国』の著者でもある高良倉吉氏は、沖縄に独自の歴史が存在していたことを、誰の目にも明快にアピールすることのできる「かたち」の視点から述べている。まさに、この「首里城」は「那覇港」と並んで、古くから沖縄の「かたち」の原点といえるものであった。

さて、その沖縄の「かたち」を独特な方法論で創りつづけてきた設計グループがいる。このグループが設計し、一九八一年に竣工した「名護市庁舎」は、一九七八年に行われた公開コンペの最優秀案が採用されたもので、沖縄らしさの表現の点で他の案を圧倒していた。

これは、亜熱帯性の気候と風土のなかで育まれた快適な環境づくりの再構築の提案であり、沖縄の民家を象徴した、赤い瓦と白の漆喰による伝統的な屋根の再生と、沖縄の近代建築の象徴であるコンクリートブロックを多用した特徴的な建物である（図15）。

また、古琉球時代のグスクの一つに立地した、同じグループの設計になる「今帰仁村中央公民館」がある。この建物の赤い柱の強烈な列柱群のデザインには、強い沖縄らしさを感じさせられる（図16）。

私は当時、沖縄の「かたち」や「いろ」を、この象設計集団の活動によって現代的にアレンジされた現代建築のなかから学んでいた。

このころ沖縄では、海洋性リゾート開発が一九七五年に開催された沖縄海洋博覧会を契機に活発に進められ、本格的なホテルが多数建設されていた。その先駆けがムーンビーチホテルであり、その計画的、デザイン的原点をハワイのリゾート施設に求めていたことに象徴されるように、沖縄は欧米一辺倒のデザインが主流を占めていた時期でもあった（図17）。このような時期に、私は恥ずかしいことに首里城も、そして那覇港を含めての古琉球時代の「かたち」を知らなかった。

**図15　名護市庁舎**（設計：象設計集団）／赤瓦を現代建築に生かした沖縄現代建築の記念碑的建築

**図16　今帰仁村中央公民館**（設計：象設計集団）／首里城のシンボルカラーに共通する強烈な伝統的色彩の柱

二〇〇〇年、沖縄サミットの主会場は名護となったが、これらの建物のモチーフはやはり沖縄古来の民家であった。すでに沖縄での伝統的な「かたち」の一つとして定着していた。しかし、この「かたち」も画一化しすぎるのではという懸念を会議場「万国津梁館」の完成写真を見て感じた。

**那覇アジア交易センター計画**

一九九六年、沖縄の基地の整備・縮小が検討されるなか、米海兵隊の普天間飛行場のヘリポートを海上へ移転させる計画とともに、将来撤去可能なヘリポートの建設方法が米軍側より提案された。代替地をどこにするかという議論の前に、「海上」ヘリポートの技術的対応についての論評が新聞を賑わせたことは記憶に新しい。

もっとも注目すべき点は、将来軍事的にも環境的にも撤去が可能な構造物としてこのヘリポートをとらえたアメリカ側の提案である。この構造物は、自走力をもつフローティング（浮体）構造による革新的な海上構造物であった。これに対してその後、わが国が示した代替案は、より現実性と経済性を考慮した従来型の杭式自立型構造で、アメリカ側とは大きな隔たりがあった。

実はアメリカ側がイメージしていた海上構造物がそのときすでに沖縄に存在していた。一九七五年、返還復帰を記念して開催された沖縄海洋博覧会のシンボル施設としてのアクアポリスである（図18）。

前述した『海洋空間のデザイン』にその内容は詳しいが、その一部を簡単に引用する。

海上構造物のフローティング構造方式には、筏や船の原理と同じバージ型（ポンツーン型）と半潜水型（セミサブタイプ）の二つの代表的なタイプがあり、アクアポリスの構造がこのセミサブ方式である。

この構造は、海中に浮き基礎をつくり、ここからシャフトを伸ばして海上の上部構造を支え

**図17　レジデンシャルホテル・ムーンビーチ**（設計：国建設計工房）／ハワイ・マウナキィー・ビーチホテルをモデルに沖縄初の本格的海洋性リゾートホテル

**図18　アクアポリス**（設計：菊竹清訓）／半潜水式で移動可能なロアハルタイプの海洋構造物

る。さらに、この浮き基礎が横材ハルにつながれることによって曳航可能なタイプとなっている。このようなアクアポリスの半潜水型のタイプをロアハルタイプという。

浮遊式におけるバージ型と半潜水型の最大の相違は安定性である。バージ型は簡単にいうと、中空の箱を浮かべたような原理で波の影響を受けやすく、安定性に乏しい。一方、半潜水型は海水面で受ける外力が少ない構造でその安定性・居住性は高い。

アクアポリスは、建築家・菊竹清訓氏による設計で、一九七五年に開かれた沖縄海洋博覧会会場のシンボルとして、政府出展の政府館として企画された。最大収容人員二五〇〇人、その規模は高さ三二メートルで、一〇〇メートル四方の小規模なものではあるが、世界最初の海上都市のモデルとして、将来の海上都市発展の方向を大きく印象づけた、歴史的にも意義の高いプロジェクトであった。

このアクアポリスの計画上のポイントは、先ほど述べたロアハルタイプの採用である。これは広島の造船所で建設され、沖縄の会場まで曳航する必要性から、曳航時もっとも抵抗の少ないこの構造方式が採用されたのである。また、このロアハルタイプの特徴は、ロアハルに海水を出し入れして曳航可能な状態に浮上したり、安定性の高い半潜水型の状態になったりできる点である。このアクアポリスは通常浮上した状態で、また暴風時には半潜水型となりより安定性の高い状態となる。

以上のような、アクアポリスを思わせるような構造方式による海上ヘリポートの提案がアメリカ側からなされた。軍事的、政治的判断は別として、技術的、環境的対応はアメリカ案が勝っていたといえる。

このような技術的対応から、次の段階では具体的にどこに移転するかがマスコミを賑わした。沖縄県内外を含む代替地の議論の末、名護市シュワブ沖への海上ヘリポートの移設が決定された。

日本側主導で進められた代替地における代替案は、移設予定地の美しい環境に対する配慮のなさもさることながら、あまりにも機能性、経済性、合理性を重視し、海に対する優しさ、さらにいえば沖縄の伝統的な「らしさ」からあまりにかけ離れた構造物の提案であったことは否めない事実である。これは単に軍事施設だからという側面があるが、現在、基地の住宅地の返還で進められている那覇新都心の建設もこうした動きと一緒で、まったくこの「らしさ」のない機能的で画一的な計画であり、この海上へリポートとの共通性を強く感じる。いうなれば、沖縄らしい「かたち」の欠落である。

このような状況のなかで、那覇アジア交流センター計画を修士設計としてまとめることとなった。提案の第一は、経済的自立を図るべく古琉球時代の交易拠点としての復興である。香港が中国に返還され、今後沖縄はアジアにおける地理的優位性を生かした交易拠点となる可能性を秘めている。

第二は沖縄本島における多元的交通システムの確立である。

鉄道がなく、それこそ車一辺倒の社会からの脱皮をめざし、各地域を有機的に結ぶ多元的な交通手段による役割分担を提案している。特に、通過交通と都市内交通の交通手段による役割分担を明確にしている。さらに、既存の主要国道、高速道路とともに、「海の道」となる海上交通を大きな柱として位置づけ、遠距離型の交通体系のなかにまとめた。また、都市内交通の公共交通手段として、新交通システムにより主要な地域間を結び、短距離型の循環交通体系となる路面電車を配置している。さらに、那覇港に隣接する空港とともに、本島の総合的な交通拠点としても位置づけている。

そして第三が新たな「沖縄らしさ」の空間的表現である。那覇の歴史的都市空間を構成する二つの拠点のうち、すでに復元のなった首里城とともに、那覇港をあの屛風図に描かれた豊かな港空間として今日に再現できないかが修士設計における最大のデザインポイントとなった。

普天間のヘリポート基地移転は結果的に頓挫し、現在名護の海上案が再浮上し、最終的にここに着地したようであるが、実は一九七三年の本土復帰時にこの那覇軍港は、その移設を条件に全面返還されることが合意されていた。しかし、いまだに解決されず計画が凍結されたままの状態である。普天間の原点としての那覇軍港の再生は、普天間ヘリポートの問題より先に解決しなければならない切実な問題といえる。

ここで計画提案者としてどうしても、通らなければならない踏み絵がある。軍港の移転先を明らかとしなければ提案に力をもたない。そこで、提案では上位計画でも取り上げられているが、地元の反対のある浦添市沖への移設を計画の前提とした。

本土復帰後、県内に新たな基地は建設されたことはない。この重みに答えるべく、日常は軍事機能とし、非日常は市民の防災拠点やレクリエーションにも開放できるような、市民との共生利用の場としての可能性を提案して、将来の全面返還に備えた案としている。

## 那覇港の復元

現在軍港の中心近く、コンクリートに覆われた巨大な埠頭の先に、緑に囲われて突出した小島が確認できる。これが「那覇港之図屏風」にも描かれている御物城である。そこでまず、古い那覇港の形状を歴史的な資料から現代の地図にプロットする作業からはじめた。

資料としては、この屏風のほか、「首里那覇港図屏風」（沖縄県立博物館所蔵）、先に紹介した「首里那覇鳥瞰図」、特に明治期のころのものと思われる「那覇読史図」などから港の平面的な空間構成を明らかとした（図19）。

港は国場川の河口港で、特に河口付近は広く、かつては軍港の奥に位置する漫湖がそのまま河口まで連続的に伸びていた。この河口を大きく堰き止めるように、先に紹介した古琉球の「浮島・うきしま」が位置し、迎賓館となる天使館、親見世、在藩奉行所などの古琉球時代の重要な

図19　那覇軍港空港写真

行政施設が配されていた。

港はこの浮島の先から伸びる防波堤とその先端の三重城、そして、これに対となる防波堤と屋良座城によって港口を形成している。これら二つの城（グスク）は港の防御のうえで砲台となる施設でもあった。

また、港湾奥中央には一部現存する御物城が位置する。本来は、海外貿易品を収蔵した首里王府の倉庫であり、城郭とアーチ門の遺跡が残っている。そのほか、「浮島」に隣接して「渡地」が位置する。もともと島であった硫黄城を足がかりに埋め立てて形成されたものである。さらに、君南風と称する城が御物城南側に確認できた。ここには宿屋、商社が立ち並んでいた。

このようにして古那覇港を現那覇港と合成した復元図をまず作成することができた（図20）。

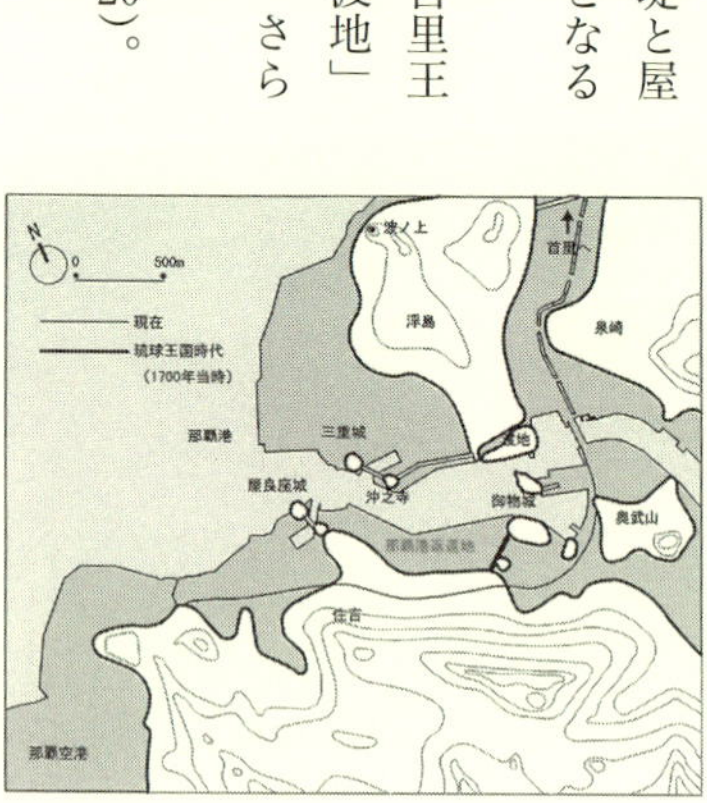


図20　那覇港の復元図

### 今日のウォーターフロント開発の課題

幾度か『海洋空間のデザイン』を取り上げたが、これは一九八〇年代におけるわが国のウォーターフロントブーム最盛期にまとめたものである。中心となる厳島論は、当時海上都市を提案するにあたって、海上構造物としての厳島における「デザイン」と「技術」の融合の原点を確認しておきたかったからにほかならない。また同時に、当時のウォーターフロント開発事例をこの「デザイン」と「技術」から「ワザとタクミ」として多面的に論じた。

現在、ウォーターフロント開発が行き詰まっているなかで、「お台場現象」が各地で展開していると一九九八年一一月号の雑誌「WEDGE」が取り上げた。バブル経済時代に計画された産業優先の開発ではなく、都市の住民にとって安らぎのあるウォーターフロント開発を「お台場現象」として雑誌では紹介している。

ウォーターフロントブームがバブル崩壊で下火となった今こそ、この八〇年代からの歴史的成果を冷静に評価し、次の計画に生かす必要があるものと考えている。

そこで、その成果を「デザイン」と「技術」、さらに安らぎ感に大きく影響する「規模」の視点から評価を加えたい。「規模」の視点から二つの系譜に分類して眺めてゆくと、「デザイン」「技術」的な評価が見えてくると考えたからである。

まず、最初にあげるのは埋立人工島の系譜として、「ポートアイランド」「MM21」「幕張」などの産業優先の国策的視点による土木的な規模の開発である（図21〜23）。一方、このような巨大さに対して魅力的なウォーターフロント開発のスポットも生まれた。東京港の「お台場」や、大阪港での「天保山ハーバービレッジ」を中心としたエリア、神戸港での「神戸モザイク」、また福岡での「ベイサイドプレイス博多」などである。そして、これらを第二の視点として、魅力的なウォーターフロント開発のスポットとして取り上げたい。

これらの事例の分析から那覇港再生に求められる計画の方向性を探りたいと思う。

戦後、東京オリンピックの開催を契機として大規模な国際的イベントが数多く行われた。一九

**図21　ポートアイランド（神戸）**／六甲山のケーブルカーより市街地沖の巨大人工島

**図22　MM21（横浜）**／ランドマークタワーより曲線構成の親水護岸（左）とホテル、展示場、国際会議場からなるパシフィコ横浜（右）を俯瞰

**図23　海からアクセスできない幕張新都心（千葉）**／ホテル群と幕張メッセがシンボル

七二年の大阪万国博覧会、一九七五年の沖縄万国博覧会、そして一九八二年のポートピア博覧会と続いた。これらのビックイベントのなかで、ウォーターフロント開発ブームのきっかけとなった大規模埋め立てによる巨大人工島「ポートアイランド」の一部がポートピア博覧会場となった。

このポートアイランドをウォーターフロント開発の原点として評価せざるを得ないのはいうまでもないが、これは、これ以降の多くの人工島建設が、このプロジェクトを範として画一的な埋め立て方式によって飛躍的に規模が拡大し、結果的に海の陸化を図ったことに対する批判を込めての表現でもある。

この批判は、海上へリポート構想案のなかで紹介したアクアポリスに代表される海洋構造物における高い技術的評価と比較して、画一的で、特に海ならではの技術的な創意工夫のなさに通じる評価である。また、この巨大埋め立ての延長線上にあるのが「MM21」であるが、ここにはポートアイランドにはなかった「曲線構成をもつ海岸線」「親水護岸」、さらに「ドック」という歴史性を計画に取り入れ、ウォーターフロント開発の新たな方向性を示した点で注目に値する。

また、人工海岸と松林に隔てられた場所に新都心を構成した「幕張」は、海と接しながらも海とのアクセスが直接できない不合理性を感じさせる一方で、松林と砂浜という「自然」との共生を図った巨大埋め立ての具体的な成果の一例としてあげることができる。

一方、このような巨大埋立人工島の系譜に対し、スポット的なウォーターフロント開発の成果を近年各地に見ることができる。まず、大阪港の歴史的原点ともいえる天保山と中央突堤に隣接するウォーターフロント計画である（図24）。

中心となる「天保山ハーバービレッジ」の「天保山」は、江戸時代に淀川河口の土砂を盛り上げて築いた人工の展望台で、また中央突堤は近代港湾建設の原点ともいえるものであるが、現在これらの歴史性が全体計画に生かされているとはいいがたい。しかし、ここには海遊館（水族

**図24 天保山ハーバービレッジ（大阪）**／特徴的な色と形態の水族館を中心に商業施設が現在は安藤忠雄氏設計の美術館が立つ

館／設計：ケンブリッジ・セブン）、美術館（サントリー館／設計：安藤忠雄）、シンボル船としての帆船サンタマリア号、商業施設マーケットプレイス群が海辺に配され、質の高いデザインとともに、人々がスムーズに海辺へアクセスでき、親しみやすく、安らぎを与えるウォーターフロントが形成されている。今後、さらに「天保山」や「中央突堤」など、歴史的遺産を十分に生かした計画も展開できるものと思われる。

「ベイサイドプレイス博多」は、アクセス道路としてのパームツリーの街路から期待が高まっている（図25）。離島連絡のハーバー施設と商業施設を広々としたボードウォークによって連絡し、このボードウォークに海のにおいを感じるストリート・ファニチュアや彫刻が並べられている。周辺施設は勾配屋根の変化に富んだ構成で、外観はカラフルで軽やかな建築群からなっている。周辺は必ずしも魅力的な景観とはいえないが、この施設自体のデザインによって新たな魅力的な景観を創出している（図26）。

「神戸モザイク」は、やはり埋立人工島、神戸ハーバーランドの中心施設で、ボードウォークによって海辺に歩行者のためのインフラを形成し、商業施設や遊戯施設をつないで、港ならではの開放感を与えている。これらの施設群によって、港町・神戸を象徴するメリケン埠頭を中心としたポートタワー、海洋博物館など、神戸のシンボル的景観をパノラマ状に展望できる立体的な視点を形成している（図27）。

スポットの最後にお台場現象の原点になった「お台場」について概観しよう（図28）。このお台場は、レインボーブリッジを背景として、歴史的な人工島ともいえるお台場の緑をエッジに内水域を形成し、この海域に海水浴やサーフボードが楽しめるなどの親水性をもたせるとともに、市民の水上交通の拠点としても機能している。この海域を見下ろす「デックス東京ビーチ」も最近完成した。立体的にセットバックしたボードウォークテラスの建築的構成で、変化に富んだ視点を確保して魅力的な海辺空間を創出している。

**図 26　マリゾン（福岡）**／福岡タワーから海上に立地する「マリゾン」を俯瞰

**図 25　ベイサイドプレイス博多（福岡）**／広いボードウォークの親水空間とカラフルな建物に船のアクティビティが加わる

**図 28　お台場（東京）**／デックス東京ビーチの立体テラスからお台場内水域を俯瞰

**図 27　神戸モザイク**／神戸ハーバーランドの海辺に、立体的な視点場となるテラスから神戸港のパノラマを仰瞰できる

**図 29　シーサイドももち（福岡）**／護岸堤で静水域を確保し、海上施設「マリゾン」を設置。陸には福岡タワー

このように日本のウォーターフロント開発の成果を、「巨大人工島」の系譜と「スポット」の系譜で述べてきたが、最後にこの巨大さとスポットとが融合した「シーサイドももち」について紹介しよう（図29）。

この開発も大きくは巨大埋め立ての系譜に位置づけられる。そのなかで特に評価できるポイントは、幕張におけるような海辺の自然との不連続性を払拭し、砂浜の沖に離岸堤を設けて静水域を形成している点である。さらに、この静水域に海上のシンボルとして、レストラン、商業施設、マリンスポーツ施設などからなる複合施設「マリゾン」を独立した高床の海洋構造物として配している点である。この施設は、海上にボードウォークを広げた厳島の海上社殿を特徴付けている「床」や「舞台」を連想させる。単に巨大な埋め立て地を展開するだけでなく、海辺を変化に富んだ空間構成とし、さらに建築物を海上に設置するなど、海辺ならではの工夫がここでは見られる。埋め立て一辺倒の海洋構造物のなかで際立った存在といえる。

また前章で、擬似運河都市として取り上げた「ハウステンボス」「キャナルシティ博多」をウォーターフロント開発における第四の「運河の系譜」として評価することができる。特に、ハウステンボスに代表される「環境」的視点は特筆すべきものがある。

以上の分析を通して確認できたことは、ウォーターフロントのデザインにおける欧米追随の傾向と、技術的工夫の少ない画一性が目立った点である。そうしたなかで、歴史的な海洋構造物である「厳島」や「古那覇港」に見られるウォーターフロントの豊かさが欠落していることが、今日の形骸化した開発の状況といえる。以上の点をふまえて、那覇港再生に求められるウォーターフロント開発のキーワードを「歴史性」「環境」として取り上げ、計画的には「立体的視点」「エンターテイメント性」の確保などがポイントであることを、次の提案に生かすことにした。

### 沖縄型空間の現代的提案

沖縄の基地返還地に関して見ると、多くの上位計画で示された内容は「画一的」な空間を取り上げたものばかりで、沖縄独自の特性を生かした「沖縄らしい」歴史的環境対応型の空間形態を提案できないものかと考えた。

古琉球時代のアジア交流と「沖縄らしさ」を表現する手がかりとして、これまで詳しく述べたように「首里那覇港図屏風」などの絵図において分析した都市の空間構成やデザインモチーフをいくつか抽出してみた。そこで、港の再生を具体的に「グスク」をモチーフに、当時の港の水際線と歴史遺産を今日的な視点から全体計画に生かすことを第一に考えてみた。またこれとは別に、伝統的な沖縄の空間構成を抽出し、これを全体計画のなかで中心となるいくつかの核となる施設に取り入れた。

日本の文化はもともと豊かな森林を基本とする木造文化であるが、沖縄の文化とは異なるものである。具体的には、木造文化を育んできた山岳的な地形やそこから流れる豊かな川といったイメージはここにはなく、沖縄は珊瑚礁に囲まれたラグーンとそれに続く外海からなる。

また内陸は、隆起珊瑚礁の石灰岩台地に象徴される石の文化である。どこを掘っても石灰岩が出てくる地形は生産性が低く、必然的に交易や漁によって恵みを海に求めることとなるが、一方で陸地は自然から身を守ってくれるとともに、人々が互いに交流する領域を形成してきた。

沖縄の伝統的集落形態は、このような地形や水源という自然的な条件に深く起因している。一般的には集落はバッチ状（飛石状）の集落単位で、腰当森《クサティムイ》の空間構成をもって、湧き水の出る台地の低水位面や傾斜地におかれた。背後に丘陵地、前方には遠い海の彼方《ニライカナイ》を見渡せる敷地が選ばれた。まわりは緑（フクギ、ガジュマル）に囲まれた集落を形成している。

また、集落における日常の交流領域には、儀礼・崇拝の象徴空間として、「庭《ナー》」「毛《モー》」、「浅海《イノー》」による共有空間（コモンズ）を形成してきた。「毛」は、集落の後の小高い丘の広場で、「庭」は集落に囲まれた広場のことで芸能や踊りの劇場的空間として機能する。「浅海」は珊瑚礁の干瀬《ビシ》に囲まれたラグーンで、サバニ（松を使った刳り舟）が集まる海の広場である。

以上のような視点に立って、沖縄の空間的らしさとして、これらの伝統的集落形態の象徴的空間としての「庭」「毛」「浅海」を取り上げ、さらには古琉球時代の都市的空間構成を生かしながら、那覇港全体の空間構成と核となる施設によって再構成しようとする試みを考えた。

具体的には、沖縄本島の交通体系と、那覇港を中心とした那覇アジア交易センターの提案とともに、交易センターのなかに三つの拠点を交通結節点とともに沖縄型空間モデルとして修士設計では提案している（図30）。

**図30　那覇アジア交易センター全体模型**／手前は内海を生かした「海上交通拠点」に伝統的なシンボルシップが浮かぶ

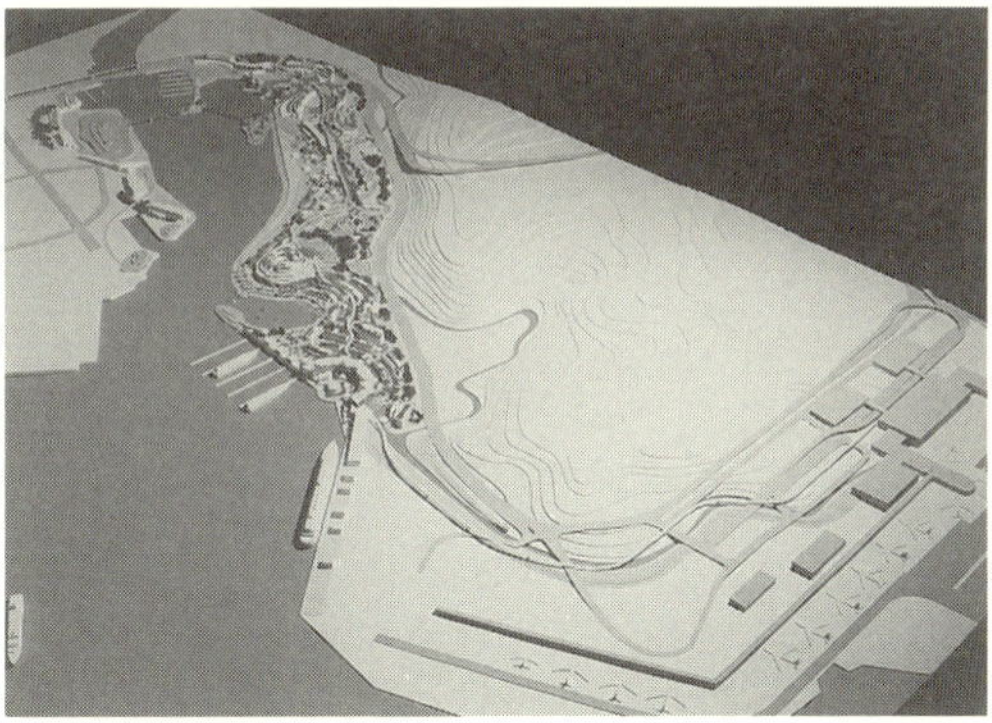

**図31　中央客船ターミナルを中心に「総合交通拠点」と那覇国際空港の拡張計画**

三つの核施設とは、客船ターミナルを核とした国際的な総合交通結節点と、丘陵地形を生かした陸上交通拠点、内海を生かした海上交通拠点の三つの拠点である（図31）。これらの拠点を先に述べた三つの集落モデル「庭」「毛」「浅海」の空間構成にそれぞれ対応させて提案した。

さらに各拠点間のスムーズな連続性を図るべく、特に歩行者のインフラストラクチュアを提案している。また、古琉球の伝統的な文化・風土を受け継ぎ、その潜在力を引き出し、敷地全体を劇場的な空間として演出すべく、各拠点の中心に舞台空間を象徴的に提案している。この空間は日常は交流の場であるとともに交通広場として機能し、非日常は「舞台」として伝統的な祭り・踊りや芸能のステージとして機能する。

⑴「庭」を中心とした集落形態の提案──客船ターミナルを中心とした総合交通拠点

「庭」の象徴である首里城の御庭をモチーフとした空間構成を提案している。特に「大庭」は、交易による繁栄で賑わう場所であり、客船ターミナルには豪華客船クインエリザベス号クラスの船舶も停泊可能な規模とし、観光立県沖縄のシンボル港とする。

また、自由貿易における交易施設を設置して、かつての琉球の文化・風土を受け継いだ賑わいの空間を復活しようとするものである。またこの場所は、基地返還とアジアの拠点の復活を記念したメモリアル広場としても位置づけている。

⑵「毛」を中心とした集落形態の提案──丘陵地形を生かした陸上交通拠点

「毛」の象徴である万座毛をモチーフとした構成を提案する。「毛」は、特に遠い海の彼方を見渡す場所で、ここはまた沖縄独特の宗教的空間となるウキタ（神々が下ってくる聖地）のある象徴的な空間となるため、集落の小高い丘の舞台をイメージして計画した。

第二の香港を意識したアジア・マルチメディアセンターとして機能した大空間を人工的な丘に見立てて構成し、人と自然の共存を象徴した。屋上にフクギ（オトギリソウ科の高木。防風のための生垣にもなる）、ガジュマルに囲まれた「グスク」の広場を設置する。また、丘を構成する内部空間には、てだか穴（王府の官選古謡集「おもろさうし」に登場する。東方より昇る太陽《テダ》が出てくる穴のこと）による風と光が行きかう吹き抜け空間を提案している。

(3)「浅海」を中心とした集落形態の提案――内海を生かした海上交通拠点

内海に当時の歴史遺産ともいえる進貢船やサバニを配してハーバーを構成し、これらの船に囲まれた「浅海」の集落を形成する。海上の道を干瀬《ビシ》に設けたヒシンクチ（干瀬のなかでサバニが沖合いへ出られるように開けられた外海との通路）によって外海と連絡する。

このハーバーを中心に、ホテル、コンドミニアムなどの居住空間を配置し、海上には琉球交易時代の賑わいを歴史的なテーマパークによって再現し、その中心に海上の広場を提案した。

# 第三章

# 街路「人の道」——より豊かな人間的空間を求めて

交通空間のなかでもっともヒューマンなスケールが求められるのが街路である。また、これまでの画一的な街路空間に、多様性、空間性、創造性をもたらすために、私たちが提案した「リビング・ブリッジ」「ペデストリアン・デッキ」「ストリート・ファニチュア」について、ここでは取り上げることにする。

**リビング・ブリッジ**

バルセロナから特急で南へ三時間、バレンシアは橋のデザイナーとして有名なサンチャゴ・カラトラバの出生地である。ここに彼の設計した新たな橋と、これに直結した地下鉄の駅ができたということで、学生約二〇名とヨーロッパ研修旅行の一環としてこの街を訪問した。その前日はアントニオ・ガウディ設計によるサクラダファミリア教会やグエル地下教会を訪れたが、ここでは逆懸垂型のチェーンによる模型から導かれたガウディ独特の尖塔アーチ群の構造的合理性を、当時の模型実験の写真や模型などから学んだ。ガウディの装飾性のなかに隠された技術的な合理性を読み取ることができたが、何よりも溢れるばかりの造形力に圧倒されつづけたことはいうまでもない（図1、2）。

そして、バレンシアではバスに同乗してきた初老のガイドが、「橋は知っているがカラトラバという設計者など知らない。ましてや地下に駅があるか、さらにオープンしているかどうか心配だ」と言い出した。スペインでガウディは国民的英雄でも、まだカラトラバは地元の人にさえよく知られていなかった。

外に傾いた巨大アーチから桁橋を吊ったアラメーダ橋は、バレンシアの青空を背景に白く、まぶしく輝いて、その深い影が橋のもつ形態の躍動感をさらに強調していた。橋は市街を大きく囲む環濠が、今では水が抜かれて空堀となった川底を大きくまたいで架けられていた。

川底の両岸近くにそれぞれ二カ所ずつ地下駅へのエントランスが見える。地下を降りると改札

**図1　サクラダファミリア教会エントランス**（設計：アントニオ・ガウディ）／伝統的な尖塔の素材に対してエントランスはコンクリート打放のシュールな形態

**図2　サクラダファミリア教会**／地下工房で作成中の内陣柱型のスタディ模型

口のレベルに達し、ここから駅の全体が見下ろせる。改札口のレベルからさらに階段を降りるとホーム階となり、ホームと改札口のあるエントランス空間を含む駅全体が彫刻的なコンクリートの有機的な部材によってアーチ状に覆われている。

さらに、天井の小さなトラップライトからは光が射す。ヨーロッパの伝統的な駅空間のダイナミックな構成がこの地下の小さな駅でも展開する。

ホームの床に貼られたモザイクタイルが昇華して、ストリート・ファニチュアとしてのベンチやダクトを形成し、地下空間の大きな両壁面にもこの小さなタイルが貼られている。この駅におけるモザイクタイルの手法と、先に述べた有機的構造部材による空間構成はガウディの空間だと思った。カラトラバとガウディとの共通性をこの地に来て強く感じた。

この旅行の少し前となる一九九四年、カナダ、トロントのBCEプレスのガレリアを見学した（図3）。教会のヴォールト空間を想わせるガレリアは、サクラダファミリア教会の地下工房でつくられていた彫刻的な柱の構成との共通性を強く意識させるものであった。しかし当時、カラトラバの作との確信はなかった。

このアラメーダ駅でも、またこのカナダのガレリアでもカラトラバが、同じ風土を共有する巨匠ガウディの影響を色濃く受けていることを改めて実感した。これまで直接二人を結び付けられなかったのは、ガウディに共通する有機的な構成を、現代的な材料や構造によって表現できるカラトラバの実力と考えている。カラトラバはここバレンシアで建築大学を卒業した後、ドイツのシュツットガルト工科大学で構造を学んだ。学位論文は立体構造物のコンパクトな収納メカニズムの研究である。アラメーダ駅のエントランスは昼間立体的な構造をもつが、夜には地下面を覆うフラットな床に変身する（図4～6）。この魔法のような「技」に驚いた。同時に彼の学位論文の成果であることもうなずけた。

セーヌ川における名橋の一つ、ポンヌフ（新橋）は、かつて居住空間としての機能をもつ橋で

**図3　カナダ・トロントのBCEプレス**（設計：サンチャゴ・カラトラバ）／地下から見上げたガレリアの有機的な構造はガウディのサクラダファミリア聖堂のシュールな柱型に通ずる

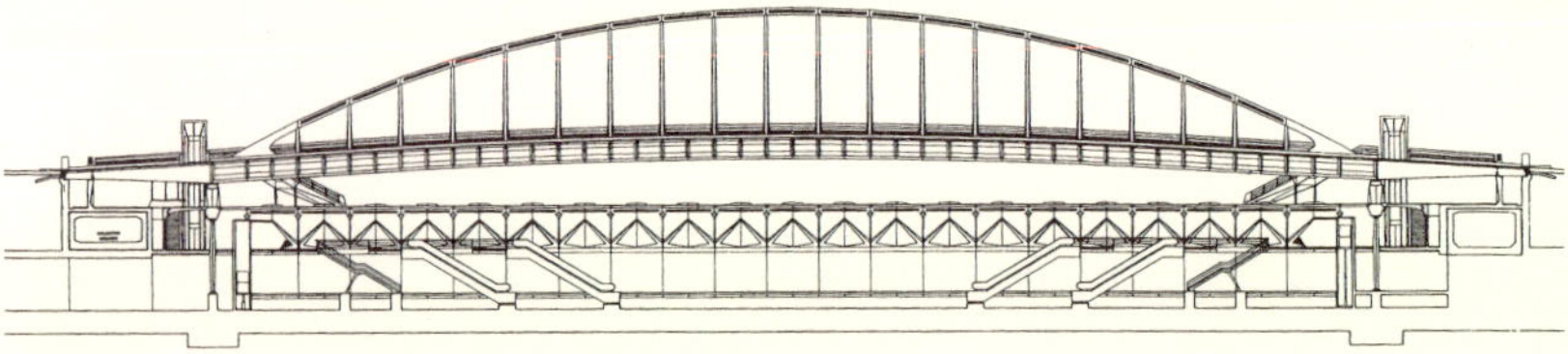

縦断面図

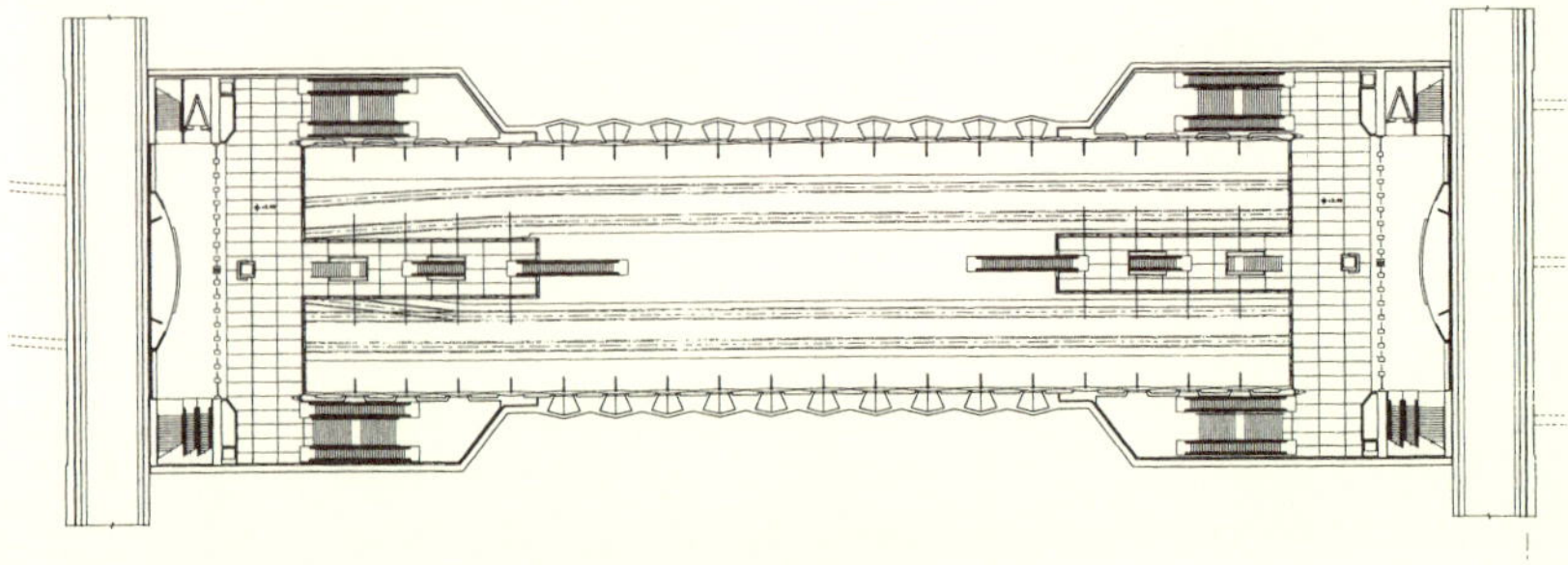

ホーム階平面図

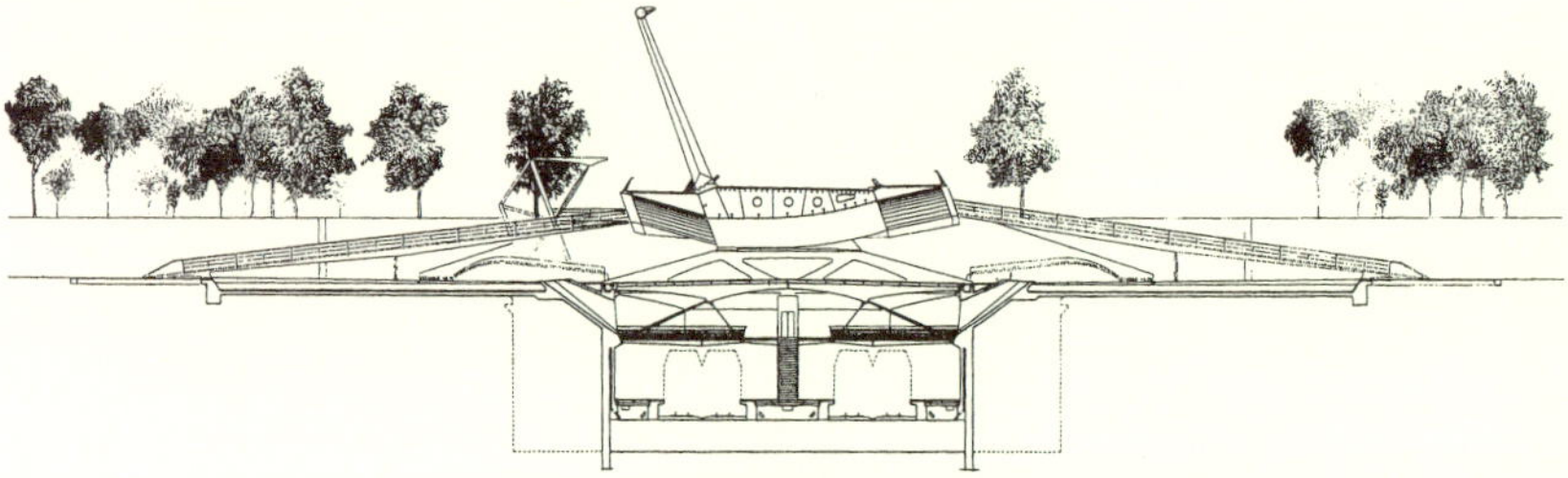

横断面図

**図 4　アラメーダ橋・アラメーダ駅（バレンシア）図面**（設計：サンチャゴ・カラトラバ）

**図 6　アラメーダ地下駅**／地下 1 階改札口から軌道・ホーム階を俯瞰。ホーム空間の豊かさは日本との大きな違い

**図 5　アラメーダ橋**／空堀をまたぐ橋の直下はアラメーダ地下駅

あった。このような橋をリビング・ブリッジと呼び、パリだけでなくヨーロッパの各地に存在していたようだ。今日でもヴェネツィアのリアルト橋やフィレンツェのポンテ・ヴェッキオにおける商業機能をもつ橋にその面影が残る（図７、８）。このようにリビング・ブリッジはまさに土木と建築の融合そのものといえる。

伊東孝氏によれば、愛媛県の山村にある屋根付き橋は周辺住民のコミュニティ施設として現在でも利用されているという。ここには牛馬が橋につながれ、冠婚葬祭の煮炊きがこの橋の上で行われ、生活に密着した空間として利用されているという。この屋根付き橋こそは、まさに日本におけるリビング・ブリッジの象徴といえる。

また、日本におけるポンテ・ヴェッキオのようなリビング・ブリッジが伊豆修善寺温泉の高級旅館に健在である。創設期のころと思われる絵図によると、川を介して、道路側のエントランス棟から対岸の客室施設群を結ぶために橋を架け、この橋にさらに屋根を架けて建築化してリビング・ブリッジを形成している。現在は、新しく建て直されているが、その構成は昔のままで、エントランス施設としてのロビー棟と客室棟を結ぶトラス構造の橋は喫茶ラウンジとなっている。昔からの既得権が、修善寺温泉で唯一のリビング・ブリッジを可能としていると思われるが、ラウンジからの眺望は格別である（図９）。

図９　修善寺温泉菊屋旅館のリビング・ブリッジ

さらに、ヴェネツィアについて多数の著書のある法政大学の陣内秀信氏は、この運河都市ヴェネツィアとの関連で、アジアの水都、いわば運河都市を精力的に調査研究されており、その一部が「舟運を通して都市の水の文化を探る」という報告書としてまとめられた。このなかで、タイのバンコクの古い写真をもとに「水の道」

図７　ヴェネツィア大運河のリアルト橋

図８　フィレンツェ・アルノ川のポンテ・ヴェッキオ／最上階はメディチ家の宮殿と政庁舎を結ぶ長さ一〇〇〇mの空中歩行空間の一部となる

の賑わいを象徴する、水上マーケットの広がる運河に架けられた橋上マーケットを紹介している。まさにアジア的なリビング・ブリッジの原点であり、人間的なスケールの魅力を感じさせる。

私はダイナミックな構造の橋を見ると、よくこれを内部空間化して大空間をイメージしてみることがある。土木のなかに建築との融合のヒントを探ろうという試みである。これを具体的に示したわかりやすい建築が、丹下健三氏設計による国立代々木体育館であり、その原型のイメージは吊り橋である（図10）。

また、槇文彦氏の設計となる藤沢市立体育館や東京都体育館は、アーチ橋が原型であることは一目瞭然である。この槇氏のダブルアーチのイメージは、恩師・小林美夫先生が設計した一九六五年竣工のコンクリート造によるダブルアーチの岩手県営体育館にきわめて近い（図11、12）。私はこの作品で先生の研究室への入室を決めた。

さらに、シングルアーチを主構造として最初に建築空間化したのが、エーロ・サーリネン（一八九〇～一九六一）設計によるイェール大学のホッケーリンク場であり、近代におけるリビング・ブリッジ的空間の第一号といえる（図13）。

サーリネンはさらに、このホッケーリンク場の設計の前にシングルアーチによる巨大なモニュメントを提案した。これはジェファーソン・メモリアル・アーチで、ミシシッピー川のほとりに西部開拓の記念碑を建てるという雄大な構想である（図14）。アーチ頂部に展望台があり、機能的にリビング・ブリッジに近いといえる。この独創的なアイデアとともに、デザインの特徴はアーチの横断面における逆三角形のシャープさと、ステンレスの外壁の現代的表現にあり、現代のモニュメントにおける最高傑作の一つといえる。

このような土木と建築の接点ともいえるリビング・ブリッジの国際的な展覧会が企画された。[*1]

これは伝統あるロンドンのロイヤル・アカデミー・オブ・アーツが、テムズ川をモチーフに想定

＊1　一九九九年七月一七日～八月二九日に開催された「リビング・ブリッジ　居住橋——ひと住まい、集う都市の橋」展（主催：郡山市立美術館、リビング・ブリッジ日本展実行委員会、ロイヤル・アカデミー・オブ・アーツ、ロンドン）

**図10　国立代々木体育館**（設計：丹下健三、構造：坪井善勝）／構造のイメージは吊り橋

**図12　岩手県営体育館**／アーチ間は採光と照明の機能、さらにアーチはそれぞれ大きな屋根を吊る大梁となる

**図11　岩手県営体育館**（設計：小林美夫、構造：斎藤公男）／ダブルアーチを主体構造とするダイナミックな構成

**図13　イェール大学ホッケーリンク場断面図**（設計：エーロ・サーリネン）

**図14　ジェファーソン・メモリアル・アーチ**（設計：エーロ・サーリネン）

して、リビング・ブリッジのコンペを行ったことにはじまる。そして、このコンペにおける優秀案とともに、先ほど紹介したヨーロッパ各地の伝統的な数多くのリビング・ブリッジが精巧な模型によって復元され、これらを中心とした展覧会がヨーロッパで催された。その後、この展覧会が日本でも開催されることとなり、その委員の一人となった日本大学の伊東孝氏が学生の作品を展示するよう働きかけ、これが実現した。交通土木工学科の三年生、後期の景観設計で、隅田川のリビング・ブリッジを課題とし、提出された作品のなかでもっとも優秀なものを展覧会に出品することとなった（図15、16）。

選ばれた作品は、かつて可動橋としての機能のあった勝鬨橋をリビング・ブリッジによって再生しようという案である。左右のアーチ橋と中央のハの字型に開閉する可動橋からなる構成をそのまま踏襲して、中央の可動部は回転橋とし、二つのアーチ橋部分にはそれぞれ屋内外に劇場を立体的に設けた。

かつて隅田川から船を浮かべ、明治座や歌舞伎座へと役者らが乗り入れた場所でもある。このような川と劇場のかかわりの深い伝統を今日的に復興しようとするものである。橋脚にもフローティング構造による可動式舞台を提案している。また、河原に起原をもつ歌舞伎の伝統を、河川での劇場空間としてアーバン・リビング・ブリッジを提案している。

**横浜港大桟橋の国際客船ターミナル**

一九九四年、横浜港大桟橋の国際客船ターミナルにコンペに参加した。

まず、新しい港景観の創出をめざし、横浜港における「天」「地」「人」による空間構成を考えた。そこで、ランドマークタワーに代表される横浜港の「天」のデザインに加え、「地」のデザインとして波をイメージした客船ターミナルのデザインを提案した（図17〜19）。

具体的には、求められた長大な「デッキ」と「庭港」をアーチ構造によって構成し、水辺に波

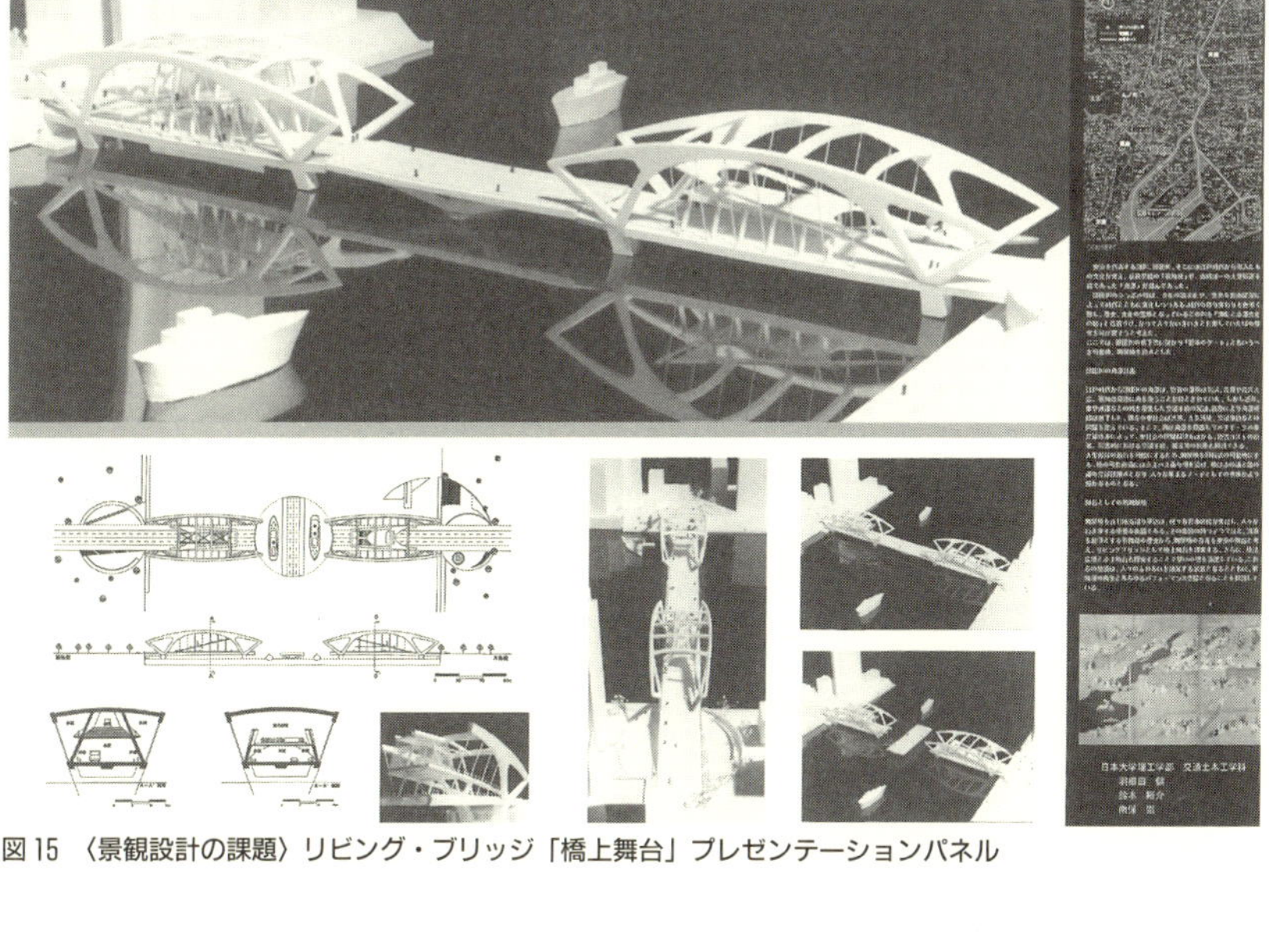

図 15　〈景観設計の課題〉リビング・ブリッジ「橋上舞台」プレゼンテーションパネル

図 16　リビング・ブリッジ「橋上舞台」断面詳細模型

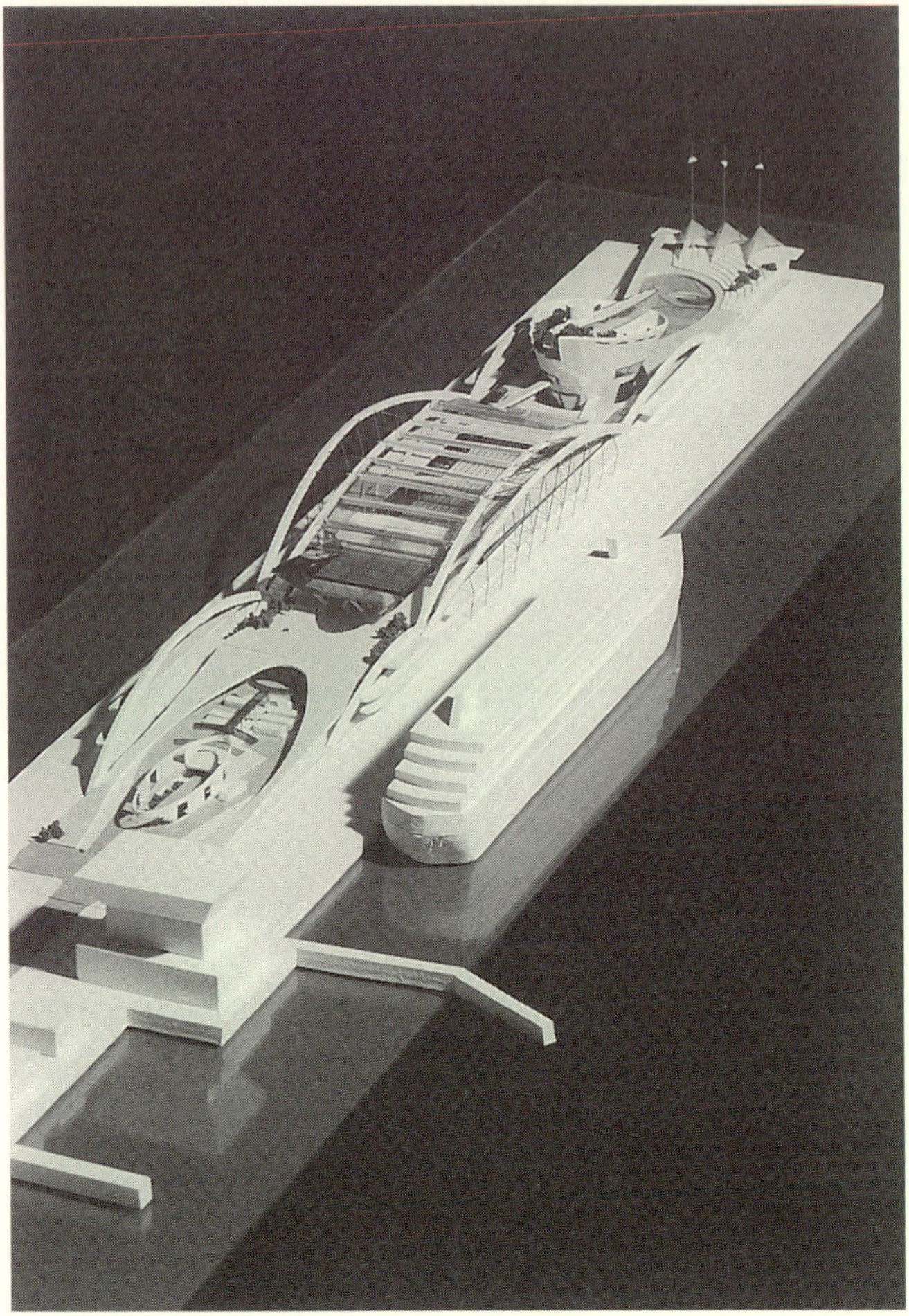

図 17　横浜港大桟橋国際客船ターミナルコンペ全体模型

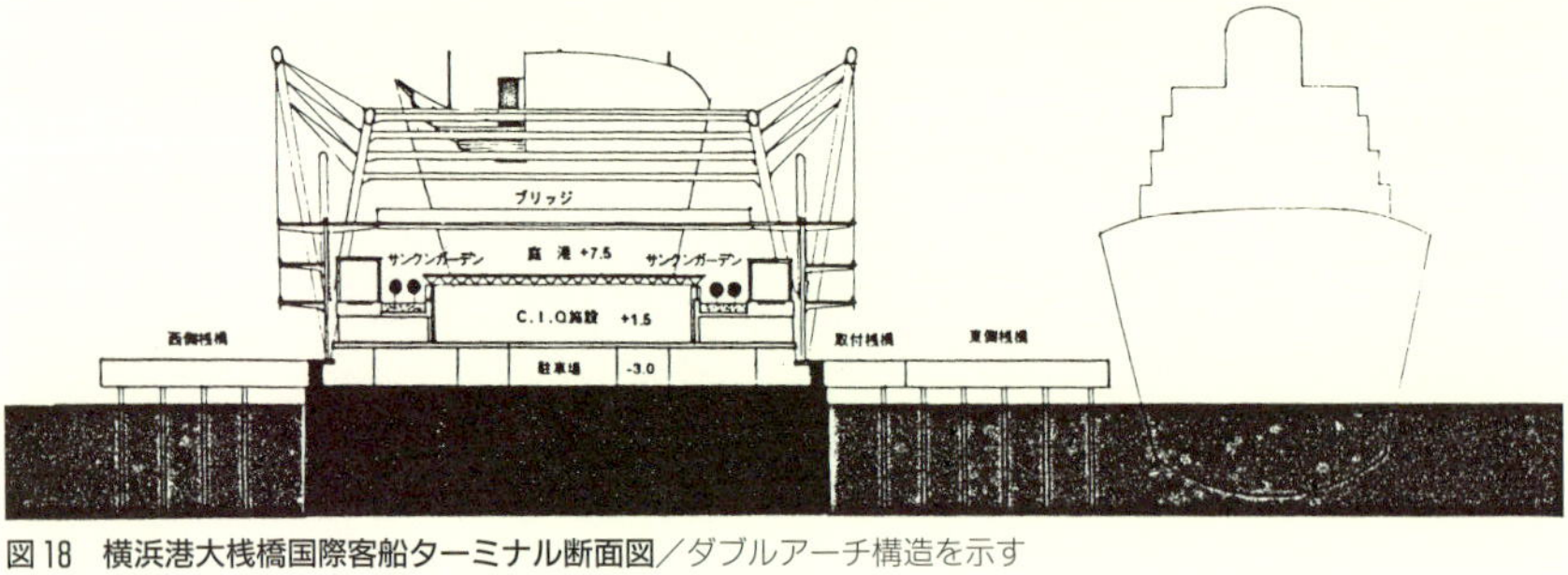


図 18　横浜港大桟橋国際客船ターミナル断面図／ダブルアーチ構造を示す

動的空間を提案した。この波は緑の丘、潮風、光など、横浜に数多く残された自然を象徴し、MM21における曲線をもつ海岸線のデザインにも通じると考えた。

「人」に関しては、やはりアーチ構造の一部となるアトリウム空間の「庭港」に展開する、交流やイベント、祭りなど人々のふれあいの場となる空間で示した（図20）。

まず、東西の三連続アーチによって長大なクルーズデッキ、送迎デッキを吊った。また、東西中央アーチ部分は内・外部の二重アーチ構造として、外側のアーチでデッキを、内側のアーチでアトリウム空間の大屋根を形成した。アトリウム空間は、アーチ構造によって大空間を獲得する

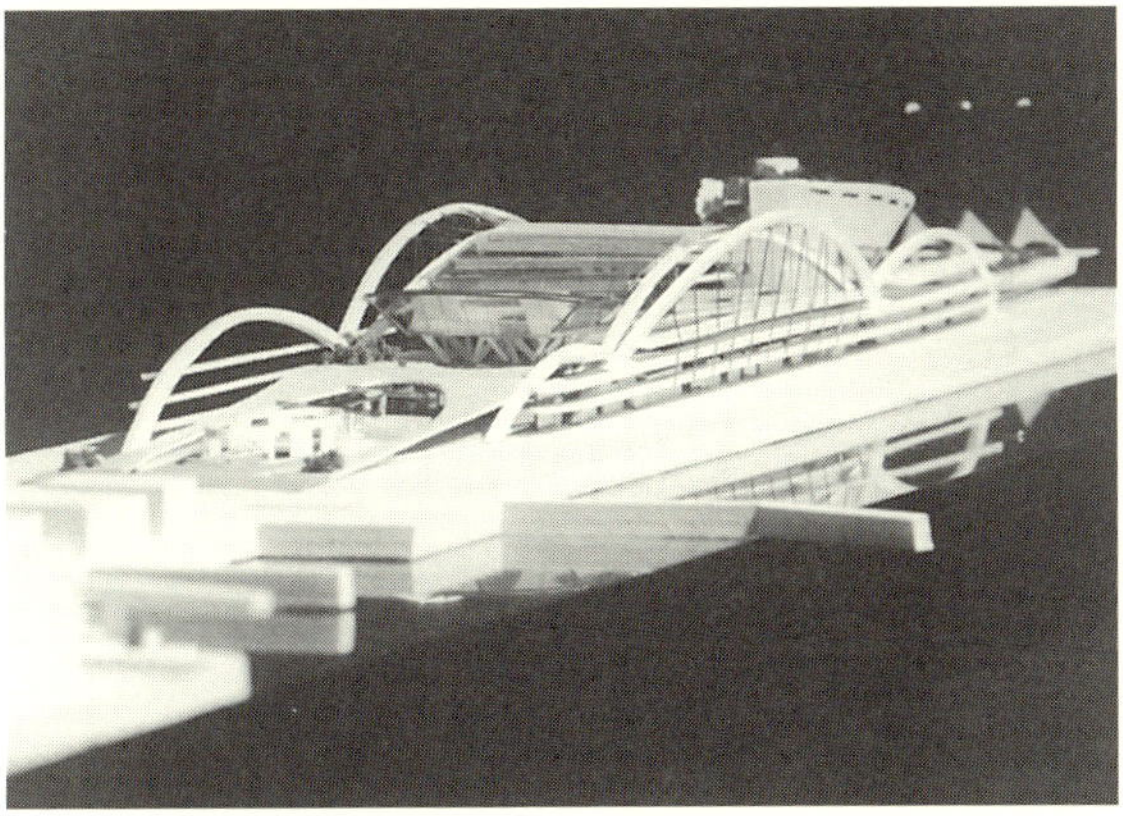

図19　横浜港大桟橋国際客船ターミナル模型

図20　横浜港大桟橋国際客船ターミナルの可動屋根を支えるダブルアーチ構造によるアトリウム空間

とともに、天井が開閉する半屋外空間でクルーズデッキならびに周辺の港景観との空間的、視覚的連続性を図った開放的空間を提案している。

以上のようにコンペではアーチ構造をベースとしたリビング・ブリッジによる客船ターミナルの提案を行った。

**ペデストリアン・デッキ**

四五〇〇年前の縄文都市とでも呼べる遺跡が、青森県の三内丸山で発掘された。青森市の小高い丘に位置するこの遺跡は、縄文の海進により、かつては海と直接つながっていた。そして、この海岸から台地の尾根をめざしてまっすぐに幅員約一五メートル、長さ四二〇メートルのメインストリートが走る。道の両側には大人用と思われる墓が直角に並び、この道路が古代都市における象徴的な施設であったことを暗示している。このメインストリートのアイストップにタワーが立っている（図21、22）。巨大掘立柱による高床建物で、高さ一七メートルにも及ぶ。このタワーから海を眺望できるとともに海からのランドマークともなった。福山敏男氏がかつて示した復元古代出雲大社の巨大木造社殿の原型ともいえるような建造物である。

さらに、このタワーの位置する広場は、内径で一三〇メートルにも及ぶ環状の盛土に囲われた都市広場が形成されていたと、大林組プロジェクトチームがまとめた『三内丸山遺跡の復元』には紹介されている。

この広場には、もう一つの象徴的な大型建物がタワーとともに並ぶ。長軸方向三二・一メートル、短軸方向九・四メートル、広さは二五〇平方メートルに及び、全体が半地下形式の断面構成で、さらに一部は中二階構造の可能性もあるという建物である。通気にとみ、冬期も暖かい空間で、集会場であるとともに雪に閉じこめられた冬期の共同作業所との説もある。

以上のような点から、この三内丸山遺跡で発見された「シンボルロード」「タワー」「冬期対応

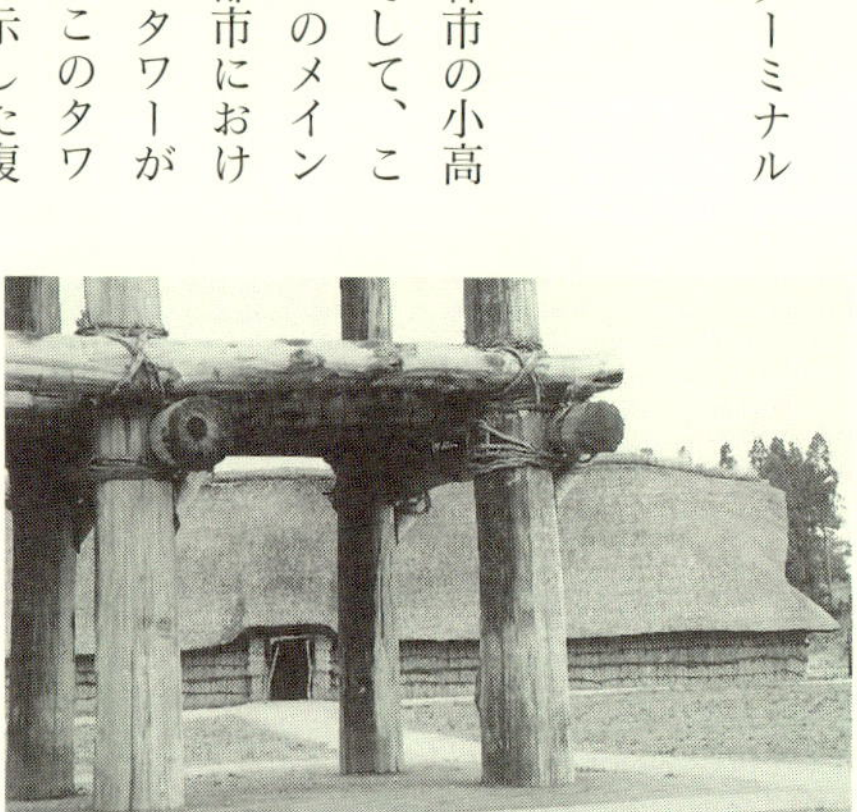

図21　三内丸山遺跡「タワー」越しに「屋内大空間」を望む

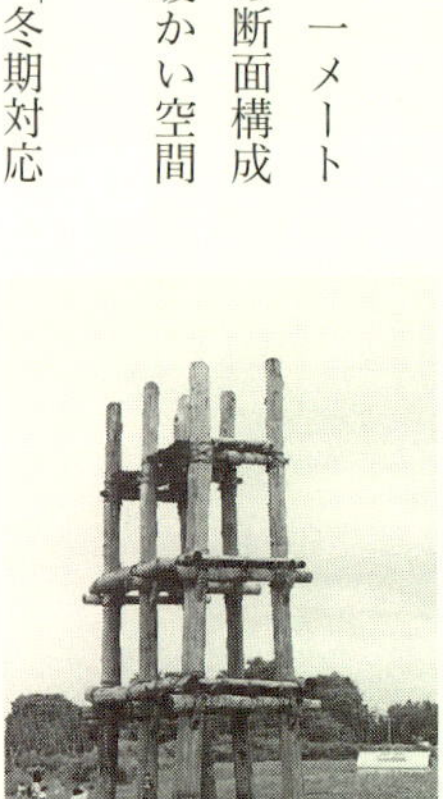

図22　三内丸山遺跡「タワー」

型の屋内大空間」、そして「円形の都市広場」は、ここがかつて古代都市であったことを示しているのではないかと考えた。

そして、この三内丸山遺跡を中心に、遺跡公園が計画され、この公園に隣接する場所に、体育館や陸上競技場など各種体育施設が集積する運動公園を移転して、美術館や音楽ホールを中心にした芸術パークの全体計画を求めるデザインコンペが企画され、これに参加した。その中心的な施設としてペデストリアン・デッキ「チューブ」を提案した。

**青森県総合芸術パーク**

まず計画をまとめるにあたって、戦後、土地造成によって改変された地形を縄文の地形に復元することから着手した。現在、河川工学で進められている近自然型河川再構築の考え方を応用して、その丘陵地版と考えた。低地の一部はかつて海が入り込んだ入江と考えられており、まずここを池として古代の地形の象徴とした。

そして、古代都市を現代的に蘇らせるべく、三内丸山遺跡の対極となる市街地に近い敷地西端に、古代タワーをイメージした、現代的な構造と素材による展望タワーを設置した。さらに、タワーを中心とした円形広場を未来広場として計画した（図23、24）。この広場を中心として屋外ステージを併設する音楽ホールを設置し、冬期には屋外ステージを覆う巨大可動屋根を架けて、冬期対応型の都市広場として機能させることを意図した。縄文時代の冬期対応型屋内大空間の復元である。

青森市も都市化が進み、社会基盤整備がほぼ整った状況にある。しかし、寒い冬の季節に見合った雪国ならではのインフラストラクチュア整備がなされているか否か多少疑問が残った。たとえば、カナダのトロントのように冬の社会活動に支障がないように設けられたビル間をつなぐスカイウェー、地下における歩行者のためのネットワーク、そんなことを考えながらコンペの敷地

図 23　青森県総合芸術パークグランドデザイン全体模型

図 24　青森県総合芸術パークグランドデザイン全体計画

図 25　インフラストラクチュア「チューブ」の断面透視図

夏期

冬期

図 26　「チューブ」の可動式屋根システム

見学を終えた。

そこで芸術パーク内のインフラストラクチュアとして、冬期対応型のチューブをうねらすことを試みてみた。冬には雪や強い風を避け、夏には強い日差しを避け、春や秋にはさわやかな風が直接入る可動壁構造のチューブである（図25、26）。チューブは、公園全体を行き交うのインフラストラクチュアであるとともに、途中にいくつかの展望スポットを配したほか、休憩、展示、売店、喫茶店なども設けている。このチューブによって未来と古代の広場をつなぐとともに、途中に公園を回遊する三つのオーバル型の平面形態による屋外のアート回遊路を設けた。

四五〇〇年前に現代人を圧倒するような技術を有していた縄文人に対して、冬期の活力を奮い立たせるようなインフラストラクチュアであってほしいという願いのこもった提案である。

## 立体街路

平面的な街路に屋根を架けて内部空間化した雪国の雁木のイメージ（図27）を立体化して、青森では可動屋根付きのペデストリアン・デッキとしてチューブを提案した。交通空間のなかで、もっともヒューマン・スケールが求められる街路を空間化、立体化し、さらに連続性をもたせることによって、多様な都市インフラストラクチュアの可能性を広げられるのではないかと考えている。

わが国の仮設的な雁木に対して、スイスの中世都市ベルンでは石造による本格的な街路空間が美しい都市景観形成に大きく貢献している（図28）。

街路に面して街区いっぱいに中層の民家棟が壁面線をそろえて立ち並び、建物の一階部分が雁木としての機能を果たす。間口の異なる各民家棟が、公共空間としての街路空間をそれぞれ提供し、集積・連続して都市における歩行者のインフラストラクチュアを形成する。特にこのベルンの場合は、建物とインフラが古くから統一的なデザインコードによって幾世代にもわたって継承

図27　青森県弘前市の雁木

図28　ベルンの街並み／街路空間を各民家棟に内包しての都市のインフラストラクチュアを形成する

図30　パリのパッサージュ

図29　ミラノのガレリア・ヴィットリオ・エマヌエレ

されており、美しい都市景観を今日にまで形成している。

具体的には、まず高さをそろえた最上階に平入りの大屋根が架かり、深い庇の影を建物に落とす。一方、足元の柱は地面との接点が太く、どっしりとした力強い特徴的な形状となる。この特徴的な形態の柱による柱間には、各棟の間口寸法に合わせた統一的なアーチが架かり、街路全体が連続的なアーケードを形成している。さらに、建物の窓は、縦長のプロポーションで、この窓にはフラワーボックスが架けられ、美しい花が街路空間を彩る。

ここで取り上げたベルンのほかに、歩行者専用の街路に屋根を架けたアーケードやパッサージュなど商業施設対応型インフラストラクチュアは、変化に富んだデザインの多様性の視点から興味深い。特にミラノのガレリア・ヴィットリオ・エマヌエレ、そしてパリのパッサージュなどがよく知られている（図29、30）。

リビング・ブリッジでも述べたイタリア、フィレンツェのポンテ・ヴェッキオは、ヴェッキオ宮殿（旧政庁舎）とピッティ宮殿をつなぐおおよそ一キロメートルに及ぶメディチ家当主コジモ一世専用のペデストリアン・デッキの一部を担っていたことを知ったとき、驚きと同時に、現代

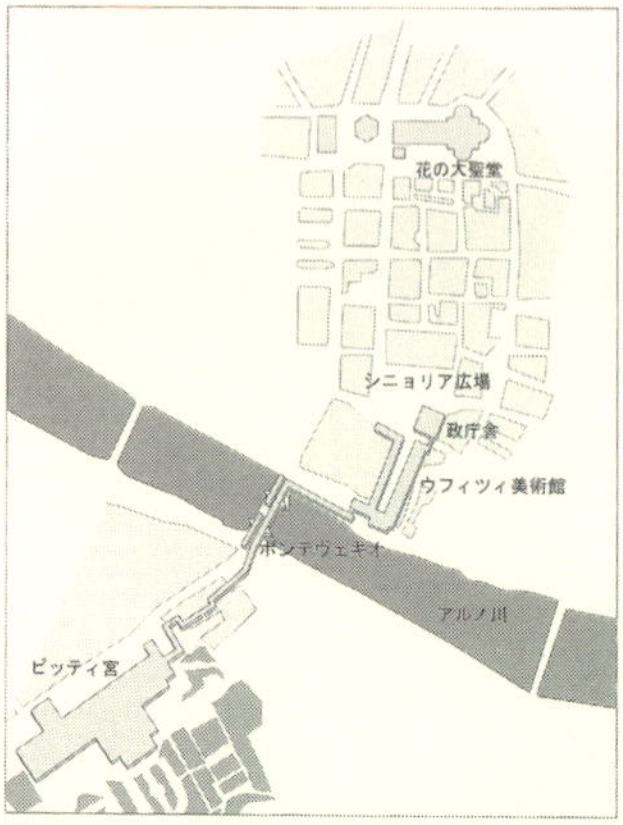


**図31　フィレンツェの軍事対応インフラストラクチュア全体図**

**図32　政庁舎前のシニョリア広場のダビデ像（ミケランジェロ作）越しにウフィツィ美術館**／ここから軍事的インフラストラクチュアははじまる。突き当たりはアルノ川

の都市におけるインフラストラクチュアへの応用、拡大の可能性を強く感じた（図31〜36）。

　機能的には、陰謀渦巻くフィレンツェにあって、暗殺を恐れることなく、また群集の目にさらされることなく宮殿を行き来するための施設である。中世の歴史・文化都市に、いわば軍事対応型の巨大なインフラストラクチュアが存在していたことに驚きを隠せなかった。この驚きはレオナルド・ダ・ヴィンチのフィレンツェのアルノ川における海港化計画の存在にも通じるものである。また、これまで気が付くことなく見過ごしてきたように、フィレンツェの都市景観のなかにこれらの施設が違和感なく存在していたことも知られざる事実であった。

　一方、現代の都市においても、今までになかったような空間性を有する、巨大なペデストリアン・デッキが出現した。現在、新幹線の新駅建設が進められている品川駅西口側の軌道敷きに沿って、全長二六〇メートルにわたって設けられた傾斜した庇は特徴的なスカイウェーである（図37）。これは、品川インターシティの、三つの高層ビルの足元となる二階レベルをつないだペデストリアン・デッキで、品川駅構内をパノラマ状に一望できる機能も付加されている。三棟の全

図33　アルノ川沿いの道路に張り出したインフラストラクチュアは正面のヴェッキオ橋へ続く

図34　アルノ川岸辺より、政庁舎、ウフィツィ美術館を望む

図35　ポンテ・ヴェッキオ中央部アーケード上階がインフラストラクチュアとして機能

図36　右側ピッティ宮へ道路をまたいでインフラストラクチュアは続く

図37　品川インターシティの弓なり状の260mにわたるスカイウェー（設計：日本設計）

面ガラスによるファサードの透明感や軽快さに対し、機能的にもデザイン的にも存在感のあるデッキの出現といえる。

今後、都市における歩行者のインフラストラクチュアとして、日除けや雨除けの機能を有する連続性の確保された歩行空間の必要性が「福祉」の視点からも強く求められるものと考える。

**垂直動線**

次に、螺旋スロープと螺旋階段におけるインフラストラクチュアへの応用について考えてみたい。

帝国ホテルを設計したアメリカを代表する建築家フランク・ロイド・ライト(一八六九〜一九五九)はニューヨークのセントラルパーク近くにきわめてユニークな建築を設計した。グッゲンハイム美術館(一九六〇年)である(図38、39)。巻き貝を想わせるその外観は、四角い形状が一般的な美術館とは大きく異なっている。建物に入ると、天井に向かって巨大なアトリウム空間が広がり、ローマのパンテオンの荘厳な空間を連想させる。このアトリウム空間に、螺旋スロープが幾重にも連続して天井にまで到達している。美術館として求められる展示空間としての機能は、このスロープの小さな壁が担い、螺旋のスロープが観覧者の動線となる。

入館者はまずエントランスとなるアトリウム空間に導かれて、エレベータで直接最上階に運ばれる。その後、この螺旋状のスロープを下って展示品を鑑賞しながら最下階に到達する。何ともユニークな美術館である。美術品の鑑賞にスロープによる不安定感は若干あるが、これを上まわるダイナミックな空間構成に圧倒される。

フランク・ロイド・ライトは、このグッゲンハイム美術館の計画に先立って、サンフランシスコのモリス商会という小さなブティックで、螺旋状のスロープをもつ空間の試みを行っている(図40、41)。螺旋状のスロープの可能性は、スタティックな機能の美術館よりも、モリス商会の

**図 38　グッゲンハイム美術館**（設計：フランク・ロイド・ライト）

**図 39　グッゲンハイム美術館の螺旋スロープから１階ホールを俯瞰**

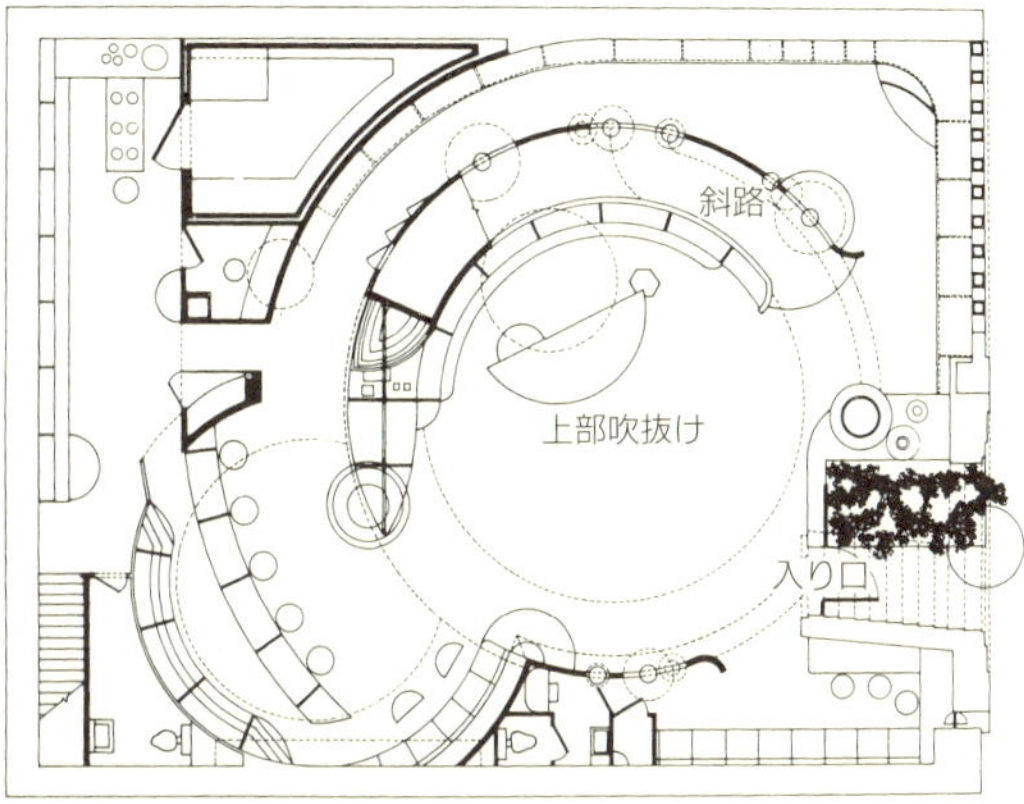


**図 40　モリス商会平面図**（設計：フランク・ロイド・ライト）

**図 41　モリス商会**／螺旋スロープを中心とした内部空間

図43　ルーブル美術館の螺旋階段とその中央に仕込まれた油圧エレベータ

図42　ルーブル美術館地下エントランスへと導くエスカレータ（右）と螺旋階段（左）（設計：I. M. ペイ）

ような商業施設対応型のインフラストラクチュアのほうが向いているのかもしれない。

宝塚市に立つ宮本佳明氏設計の愛田荘は、母親と娘二人、それに居候二人と犬六匹のための個人住宅である。中庭を中心とした関西流の木造賃貸アパートが、螺旋状のスロープによって各人の部屋に連結する構成となっている。この螺旋状のスロープにおける人の動きを見て視覚的な連続性を感じさせたいという設計意図が込められている。まさに、都市におけるインフラストラクチュアとしての可能性を示している建物と考える。

さらに沖縄での体験を紹介したい。古琉球時代におけるグスクの一つの今帰仁の石段は、八十数段を上っても疲れることがない。この高さは都会のビルでいえば五、六階の高さである。その秘密は、七・五・三のリズムで設けられた踊り場にあると岡並木、草柳大蔵両氏は指摘している。螺旋スロープや螺旋階段のインフラストラクチュアへの応用に加え、階段における踊り場の規則的なリズムの重要性は新たな発見であった。

最後に、I・M・ペイ設計のルーブル美術館におけるガラスのエントランスホールの螺旋階段とこの階段の中心に設けられたエレベータを紹介する（図42、43）。

ルーブル美術館は、ルーブル宮を美術館として利用しているが、数多くの魅力的な収蔵品により世界中から多くの観光客を集めている。設計者は、古い宮殿を美術館として機能させるために、合理的で有機的な動線確保、エントランスにおける大量の観光客の管理という建築的視点とともに、都市的な視点、特にルーブル宮—コンコルド広場—凱旋門—新都市デファンスで形成されるパリの都市軸の起点としての象徴性までを、ルーブル宮殿中庭のガラスのエントランスホールにもたせることによって解決した。

この美術館利用者は、中庭からガラスに覆われたエントランスに入り、垂直動線によってダイレクトに地下階のホールに導かれる。このエントランスホールにおける地上階から地下階を結ぶシンボリックな垂直動線が、先に紹介した螺旋階段とその中心に仕込まれたエレベータである。

特に、エレベータの設置は、高齢者や身障者を、また緩やかな螺旋階段は子どもや妊産婦などの弱者に考慮したものである。この種の施設を、一般には付属的なものとして目立たない場所に設けるこれまでの常識に比べて、エントランスホールの中心にすえたユニークさを日本大学の野村歓氏は評価に値すると指摘している。特に、この螺旋階段とエレベータのデザイン的とりあいは秀逸である。さらに加えて、もっとも評価したいところは、このエレベータの開放性である。油圧式エレベータシステムによっているため、エレベータ上部には屋根となる構造物はいっさいない。また、起動すればエレベータ全体が徐々に地中に収納され、地下レベルに到達すればエレベータのフロアの手すりのみが残る仕掛けとなっている。垂直動線の多様性、空間性に加え、この美術館では福祉の視点からのアプローチが画期的といえる。

次いで螺旋階段のなかで、特に二重螺旋階段、スロープについて述べる。

フランス、ロワール川流域に多く立地するシャトー群の一つ、シャンボール城中央の象徴的な大階段にはレオナルド・ダ・ヴィンチの原案といわれている二重螺旋階段がある（図44）。この

図44 シャンボール城の二重螺旋階段
（原案：レオナルド・ダ・ヴィンチ）

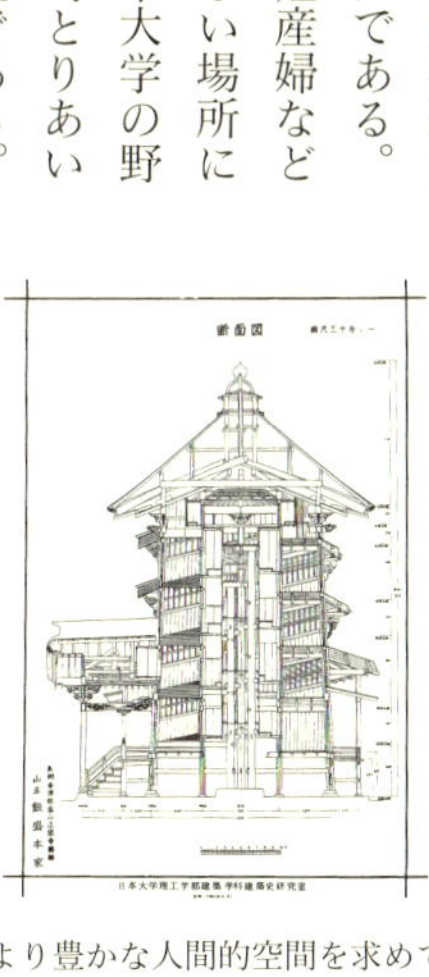

図45 さざえ堂断面図

図46 さざえ堂

階段は、上りと下りの階段が、別々に構成されており、シャンボール城の大階段において初めて実現した。実際に体験してみると、スケールが大きく二重螺旋階段の魅力を十分に感じることができなかった。しかし、同じ二重螺旋構造でも、福島県の会津若松にあるさざえ堂では、その空間的魅力を存分に味わうことができた（図45、46）。

このさざえ堂については、拙著『海洋空間のデザイン』で、わが国独特の海洋アミューズメント施設としてまとめた海中展望台の計画と同じ空間構成として紹介しているが、その一部を引用する。

会津若松の飯盛山に立つ旧正宗寺三匠堂、通称さざえ堂で、外観はもとより、三階建ての巡礼観音堂の堂内をぐるぐるまわっていくことから称されている建物である。このさざえ堂については、故・小林文次先生の詳細な報告がある。この建物は一七九六年、僧・郁堂が建造したもので、六角塔状の三層、高さ約一六メートルの建物の中心部に、西国三十三観音像を上り下りの二つの螺旋状のスロープに沿って配している。つまり、堂正面から螺旋のスロープに沿って参詣しながら頂上に上り、ここで連続する別な下りのスロープに移って参詣しながら降りる特異な構造である。魅力に満ちた立体街路としての交通施設とみることができる。

**ストリート・ファニチュア**

ヨーロッパの都市では私的空間と公的空間が明確に区別されていて、公的空間としての「広場」がどの都市でも設けられ、馬車が行き交う「街路」は車道と歩道によって分離されてきた。このような街並みを、快適にするための「道具」として、ストリート・ファニチュアが発生したのではないかと、GK設計の西沢健氏は述べている。

さらに氏はこのストリート・ファニチュアの歴史的な成果としてまず、ナポレオン三世時代にパリを大改造した一九世紀オースマンのシャンゼリゼ通りをあげている。オースマンは、この通

図47　シャンゼリゼ通りの新旧のストリート・ファニチュア

図48　シャンゼリゼ通りの新しい信号

りの建設とともに街路を飾る照明柱、ボラード、ベンチ、シェルターをトータルにデザインした。そして今日のストリート・ファニチュアは、これらの要素に加え信号、ポスト、ゴミ箱、電話ボックス、バス停なども加わる（図47、48）。また、近年のストリート・ファニチュアの成果としては、システム的なデザインの嚆矢としてアメリカのミネアポリスのニコレット・モールをあげている。

これは全長一・三キロメートルの道路を緩やかに蛇行させて、きわめて魅力的な歩行空間を形成している。設計者のローレンス・ハルプリンは、このユニークな道路の構造ばかりでなく信号、ボラードからバスストップ、植栽プランターまでの全体をシステム的に計画・デザインしている。

また、近年のシャンゼリゼ通りの模様替えに際し、歴史的な様式の照明柱が超モダンなストリート・ファニチュアと違和感なく共存している状況はきわめて印象深い。

このストリート・ファニチュアという言葉は一九六〇年代にイギリスで生まれ、アメリカでは「サイト・ファニチュア」という。都市を形成する景観のなかで、もっともヒューマンなスケールとなるストリート・ファニチュアの存在は重要である。

### 大阪コスモスクエア・ストリート・ファニチュア

大阪港の巨大埋立地に一つ、咲島《さきしま》のコスモスクエア地区は、大阪の新都心としての基盤整備が徐々に整いつつある。この地区をより魅力的で快適にするという趣旨で、環境エレメントとしての「ストリート・ファニチュア」の国際コンペが一九九七年に行われ、これに参加した。

オリンピック開催誘致に向けた国際都市・大阪の〈アジア〉と〈伝統〉をベースにした〈未来〉への躍動をデザインテーマと考え、アジアモンスーンを象徴する〈竹〉〈笹〉をストリート・ファニチュアのデザインモチーフとした。

提案は、ベンチとこのベンチに付属する小さな屋根（シェルター）、さらに照明灯と、案内板の三つからなっている。

①ベンチとベンチシェルター：小さな屋根は〈笹の葉〉を半分にカットした形態で、笹の葉の反ったイメージをその形態に取り入れた。また、支柱は〈竹〉の茎をイメージして竹を三本の束ねた構成で、全体を緩やかにカーブさせて、竹の〝しなり〟を表現した。束ねた三本の柱は、〈竹の節〉を連結させる接合部材で竹のイメージをさらに強調した。

シェルターとしての小さな屋根は、この竹をイメージした支柱上部からワイヤーで吊る構造となる。ベンチの天板も〈笹の葉〉をデザインモチーフとしている（図49）。

②照明灯：高さ四メートルの街路灯と高さ六メートルの道路照明灯は、全体をすっきりとさせる

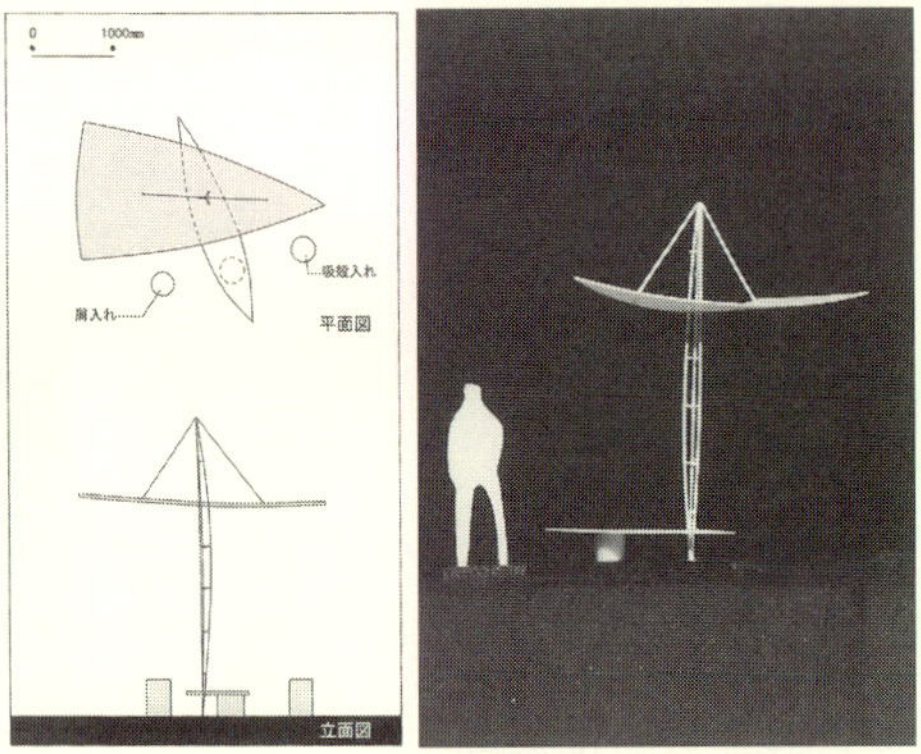

図49　大阪コスモスクエアの（ストリート・ファニチュア）ベンチとベンチシェルター

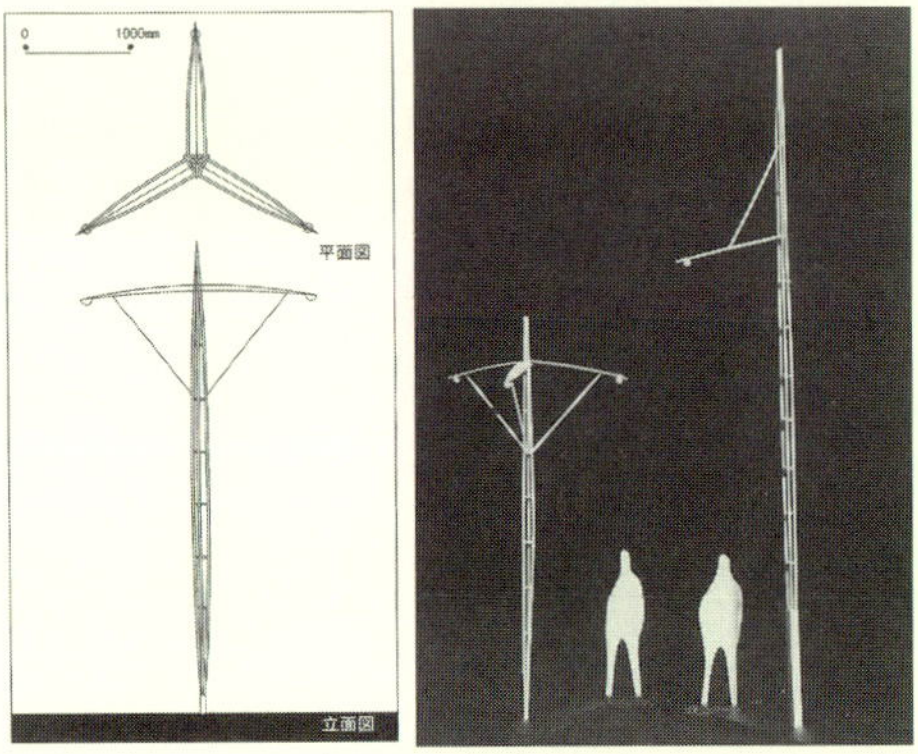

図50　大阪コスモスクエアの（ストリート・ファニチュア）照明灯

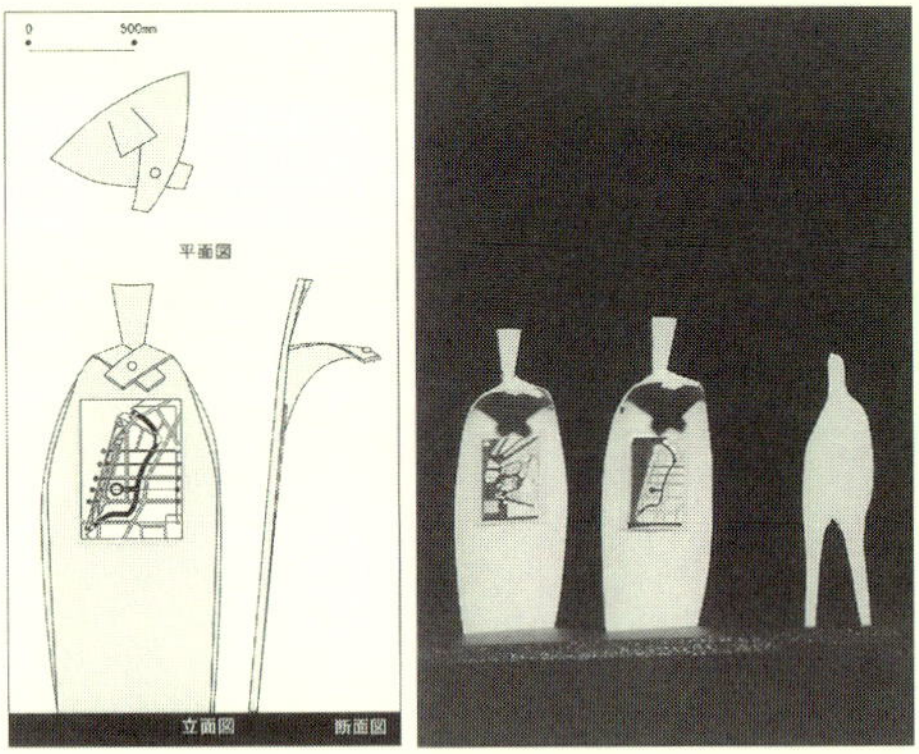

図51　大阪コスモスクエアの（ストリート・ファニチュア）案内板

ため、伸びた〈竹〉をデザインモチーフとした。支柱は三本の竹による構成とし、頂部にすえた照明器具は〈笹の葉〉をイメージした金属製のアームカバーとその先端部の照明器からなっている（図50）。

③案内板：〈笹舟〉をデザインモチーフに壁状に立ち上げた。笹舟のへさきをイメージした立体的な曲面が案内板の庇としても機能する（図51）。

これら一連のデザインイメージは子供のころ遊んだ笹舟や七夕の竹であり、これらの提案によって竹と笹のもつしなりをデザインできたのではないかと考えている。

コンペで求められた提案に対して、よりオリジナルなデザインを考えるべく、さまざまな試行錯誤を繰り返して応募に至った。落選して改めて思ったことは、わが国の都市にもっとも求められているのが、ストリート・ファニチュアのベーシックデザインであることであった。パリにはパリの、ロンドンにはロンドンらしいベーシックデザインがあるように、日本でも日本独自のデザインによる個性化とともに、質の高い標準化が必要であると感じた。

「街路」におけるストリート・ファニチュアに対して、都市の「街並み」と同じような視点から青木仁氏は著書『快適都市空間をつくる』で指摘している。つまり、わが国の街並みを形成する建物の建築様式としての「定番」「定型」の欠落である。具体的には、この「定番」「定型」がイギリスの「テラスハウス」であり、わが国の「長屋」などであり、このことを取り上げ、今日の都市における街並みの混乱回避の方向性を示している。先ほどの「ベルンの石の雁木」もまさに氏のいう定番であろう。

土木と建築双方でそれぞれ解決しなければならない問題が多いことはいうまでもないだろう。街路空間一つでもその解決には、土木と建築の融合は欠かすことのできない課題であることを感じた。

第四章

# 駅「鉄の道」

——駅は駅舎でなく都市である

京都の新しい都市の未来像を求めた国際コンペにおいて、第一章で述べた新たなインフラストラクチュアとしての「水の道」の提案とともに「新京都駅」を提案した。これは京都への重要なアクセスとなる中央駅の建設に伴って、都市的視点からの未来的な改善がなされないままに、圧倒的なボリュームを誇る巨大駅ビルが出現したことに対して、単に批判だけでなく、具体的にそのあるべき姿を示そうというものである。その計画コンセプトが「駅は駅舎でなく都市である」であり、新京都駅の提案においてその具現化を試みた。

本章ではさらに、この新京都駅で示した「駅は駅舎でなく都市である」の計画コンセプトとともに「土木と建築の融合」の実践を試みた船橋日大前駅・駅前広場と地下鉄一二号線（大江戸線）の二つの駅についても述べる。

## 京都駅をめぐる景観問題

新装なった京都駅における都市的・交通的視点での問題は大きく次の三点にまとめられる。

第一は建物の高さによる景観の問題であり、第二は京都を東西に走る鉄道敷きによる都市の南北分離に対する視点である。さらに、第三は駅空間における駅ビル機能の特化とその豪華さ、これに比べての駅関連空間、特にホーム空間の貧しさとのギャップである。これは、いずれも設計者、原広司氏の責任ではなく、施主や行政側の問題であることはいうまでもない。また、建築としての京都駅に対する評価は高いといえる。

まず第一の景観問題である。実は東京オリンピックの年、一九六四年にも京都で大きな景観論争が起きた。京都駅前の高さ一三〇メートルの京都タワー（設計：山田守）についてであった。その年、東京オリンピックの会場の一つ、リビング・ブリッジの項で紹介した丹下健三氏設計の国立代々木体育館に対する建築的評価の圧倒的高さの対極として、この京都タワーを批判する風潮がマスコミでも強かった。私はタワーの高さよりも、ビルの上に設置されたアンバランスなデザインによるものだったと思う。

そして実は当時、もう一つ、京都の将来を決定する重要な建設に対してその評価がなされた。東海道新幹線の京都駅を含む駅関連施設が、翌年の日本建築学会作品賞に選ばれたのである。この作品賞は、国内における建築の作品に与えられるもっとも栄誉のある評価である。「駅は駅舎でなく都市である」べきといった考え方に真っ向うから対立する視点で、当時すでに新幹線の駅舎に対して現代的駅舎としての高い評価が与えられていた。京都駅を含め、新幹線の画一的な駅舎の建築は、その後日本の駅建設の模範となったことはいうまでもない（図1、2）。

しかし、京都駅における新幹線の軌道敷きを高架とした評価について、あまりその論評を耳にすることはなかった。三方を山に囲まれ、なだらかに南に傾斜して広がる風水都市・京都を大きく塞ぐ格好で、この高架の鉄道敷きが設置されているが、京都タワーの評価とともに、古都・京都にとって最善の策でなかったのではないかと思われる。高架でなく地下化がなされなかったことによる小さな景観破壊の根は、一九九七年に完成した新しい京都駅にも大きな影を落とすこととなる。

京都駅のコンペにおいて提案された建物の高さは、総合設計制度を導入することで、応募案全七作品すべてが六〇メートルから一二〇メートルまでの高さの提案であった。そのなかで最終案に選ばれた原広司氏の案は六〇メートルで、高さの視点からいえば市民感情を抑えるのにまだましであるとの判断があったのかもしれない。原案は高さを押さえた分、そのボリュームは横に広がらざるを得なかった。これは、京都駅を遠望できる場所の一つ、清水寺の高台から見ると、駅が巨大な壁となり、なだらかな南斜面の京都盆地を、ダムのような大きなボリュームで塞いでいるように見えるのである。一方、駅を南から遠望できる桃山城の最上階からも同じような印象である。「高さ」の問題より「透過性」が考慮されるべきであったのではないかと思われる。

第二点は鉄道敷きによる南北分離である。駅建設時には、京都における地上の交通路を分断す

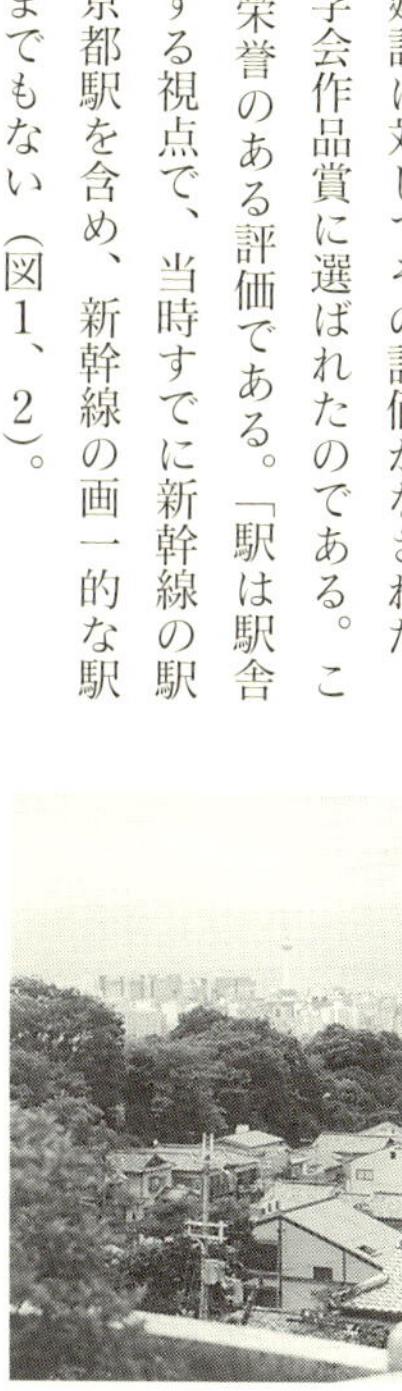

図1　清水寺から横に伸びた京都駅駅舎を望む／その右が京都タワー

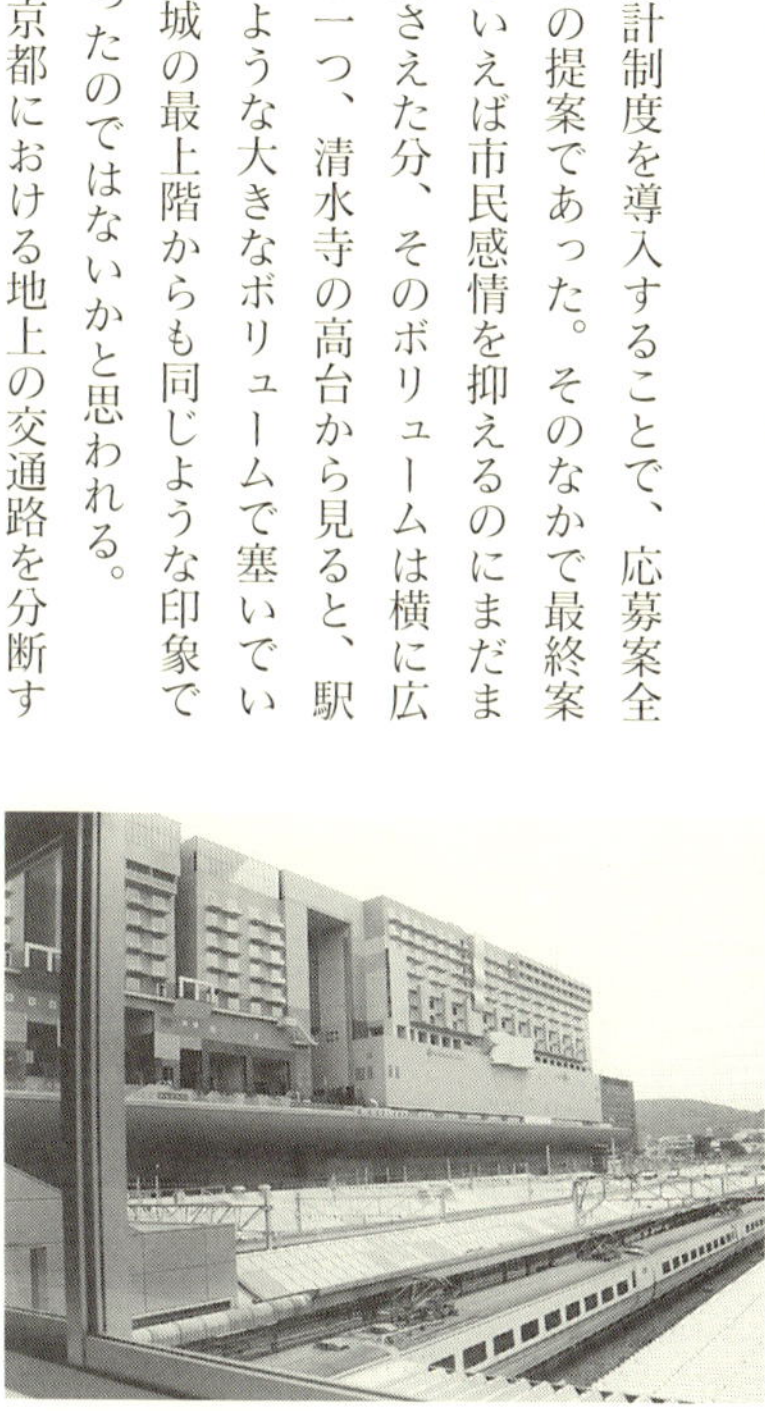

図2　新設されたホーム連絡通路から見た京都駅の駅舎と在来線ホーム空間との対比

る電車の軌道敷きを新幹線と同じ高架とするか、地下化するかの判断はきわめて重要な視点であった。新幹線駅建設時に、次善の策として高架が選択されたように、今回も在来線を現況のままに残しての駅建設というもっとも安易な選択がなされたのであった。駅は単に、駅舎をつくればいいという安易な考えによるものではなく、都市的視点が必要であると思われる。

第三に関しては、海外の例を取り上げながら概観することにしよう。ベルギーのアントワープ駅は、教会を想わせるような天井の高い豪華な駅空間を有している（図3、4）。街にとって「駅」は、「教会」「市庁舎」と並び重要な都市を代表するシンボル施設である。このアントワープの豪華さは、単にエントランスの壮大さだけではなく、鉄とガラスによって巨大なホーム空間を大きく覆う迫力が加わる。このアントワープ駅に限らず、ヨーロッパで

図3　アントワープ駅（ベルギー）／教会を想わせる荘厳な外観

図4　アントワープ駅のデッドエンドの壁面とホーム空間

は一八世紀に鉄道が開通して以来、ホーム空間を長大スパンの無柱空間で構成する伝統が長く生きつづけており、そうした伝統は先ほど紹介したカラトラバの最新の小さな地下駅にまで受け継がれている。

そうした一方で、日本の主要駅のほとんどが終着駅でないため、デッドエンドを覆う大空間が誕生しなかったとこれまでいわれてきたが、この指摘はまちがっていることが私自身の体験から明らかとなった。パリのシャルル・ド・ゴール空港に、TGV（新幹線）とRER（郊外路線）の駅が一九九四年に完成した。この空港駅は通過駅ではあるが、ホームの大空間の可能性を立体的構成によって示している。設計者は、この空港ターミナルの建築コンセプト作成から最終設計までを担当したポール・アンドルーである（図5）。

彼はその後、関西国際空港ターミナルビルの計画コンセプトを作成した人物である。彼はシャルル・ド・ゴール空港を核に、鉄道、車の結節点として空港を位置づけ、スムーズな人と車の移動のシステムのなかに、この鉄道駅を位置づけている。特に、ホームを覆う巨大なガラスの屋根は、構造的な整合性には疑問が残るものの、度肝を抜く迫力がある。

日本の鉄道は技術のみが輸入され、内なる都市としてのホームの機能を中心とした豊かな駅空間が導入されず、駅舎の機能の充実のみが図られてきたといえる。

駅には、都市的な機能がさまざまに集積し、人々が自由にホームを含む駅空間全体を活用できるような豊かなシステムが必要である。このような考えからヨーロッパでは、駅は開放する空間として考えられてきた。前述したようにヨーロッパではホームを覆う大空間をもち、すべてのホームを見渡すことができ、駅構内はまさに都市における広場としてみなされている。

また、ユーロトンネルでドーバー海峡を介してフランスとイギリスが結ばれたことは記憶に新しい。イギリス側の始発駅は、ロンドンのウォータールー駅である（図6、7）。この駅はロンドンのほかの主要な駅と同様に、終着駅としてデッドエンドのホームを覆う大空間を有してい

**図5　シャルル・ド・ゴール空港鉄道駅（パリ）のホーム空間を覆う大空間**（設計：ポール・アンドルー、構造：ピーター・ライス）

**図6　ウォータールー駅（ロンドン）在来線ホーム空間から奥の新幹線ホームの大屋根を望む**

る。ここに新幹線を新たに導入するには、必然的に敷地の制約が加わることとなる。事実、在来線と違い、この厳しい敷地条件を立体的な施設構成で対応し、地上階がアクセス階でその上がホーム階となる。アクセス階は狭いが、ホーム階はここでも伝統的なワンルーフで、現代的な構造方式によって大空間を獲得している。

厳しい敷地条件でもウォータールー駅は、ヨーロッパの伝統的なホーム空間の豊かさを三ピン構造によるアーチ状の空間で構成し、外部に構造体を出して限られた内部空間をより大きく獲得する構造的工夫がなされている。先のシャルル・ド・ゴール空港駅とは異なり構造的合理性はきわめて高い。

一方、日本では、駅は人々を「拒絶する空間」あるいは「管理する空間」としてみなされてきたのではないかと考える。人々の乗降を早く済ませ、人が早く流れるようにという、まさに人の流れが合理的にさばかれるよう計画されている。さらに、利用者以外の人々を排除し、そうした人々が漂うことのできる空間はどこにもない。ヨーロッパの駅は、「待つ」ことのために消費される空間であると、石井洋二郎氏は著書『パリ』のなかで述べているが、日本の駅とヨーロッパの駅空間との違いを端的に表現しているものといえる。

先ほども述べたように日本の駅には、ヨーロッパの駅でよく見られる、ホーム全体を見渡せるようなダイナミックな構成を見ることがない。すべての駅では、一つ一つのホームが空間的に孤立し、さらにホーム間を物理的につなぐ最小限の連絡橋によって構成されている。これは新しい京都駅でも同様である。さらに、ホームも最小限の雨露をしのぐための機能しかないうえ、列車や電車の到着をゆっくりと待ち、待つ人々の目を楽しませる工夫がない。京都駅のホームとここから見た新駅舎とでは悲劇的な落差があり、この光景はあらゆる日本の駅に共通している。

一方、駅前広場の構成も、人々が滞留し交歓できる人間的な広場であることは少なく、そのほとんどが車優先の空間として機能している。巨大な鉄骨による人工地盤を築き、人々が駅にアプ

図7　ワンルーフに覆われたウォータールー駅新幹線ホーム

ローチできるだけの歩行者専用レベルとしている。自動車にじゃまな人間をリフトアップして、立体的な人さばきのために考え出された日本独自の都市交通施設といえる。これは歩行者にとって次善の策であったにしても、人間と街との関係が遮断される点で好ましい都市施設とはいいがたい。

人工地盤による歩行者デッキに代表されるように、わが国の駅前広場は歩行者を中心とした人間的なスケールと構成をもたない例が多く、結果的に弱者に対する配慮が少なくなっている。

そしてさらに、駅空間におけるターミナルビルは、商業施設は集積しているが、人々の目的はショッピングが主で、駅におけるドラマを共有することはほとんどない。さらに、重要な交通結節点としてのステーションフロントは、縦割り行政、なわばり行政の結果、他の交通手段との連結にきわめて不便な構成となっている。

かつてヨーロッパでは、駅のホームにまで馬車やタクシーが直接アクセスできるほどであったが、日本の場合、利用者の利便性に対する認識はきわめて低く、同じターミナルの中に集約した各鉄道会社間の移動でさえ不便であることが一般的である。

以上のように、日本の駅はインフラストラクチュア間のスムーズな連絡とその融合、さらに人間的空間としての駅空間の復権が一段と強く求められている。これはバリアフリーからユニバーサル・デザインへの質的変換が求められる社会的な動きにもつながる。そのためにも、土木と建築の融合が大きな鍵になるものと思われる。

新京都駅のコンペの審査員の一人であった磯崎新氏はかつて、東京新都庁舎のコンペにおいて高層事務所棟によるシンボリックな丹下案に対し、あえて低層のタウンホールを提案した。京都駅のコンペにおいても、駅舎ではなく駅そのものを提案した応募案があったならばと今更ながら悔やまれる。都市における景観、そして交通施設の総合化に関する認識の欠落を、すべての応募案に強く感じてしまう。京都駅はバブル期に、大きな箱物はつくれても、都市のストックとなるインフラストラクチュアをつくれなかった、日本の多くの都市を象徴しているといえる。

### 新京都駅の提案

京都の町は、条坊制によって構成された平安京の道路のパターンをベースに発展してきた。この平安京は、京都盆地の中央に位置する小高い船岡山を基点として京都を東西に分けるメインストリートとしての朱雀大路を中心に、東側の左京が発展し、その後遅れて西側の右京が発展した。京都駅の位置も京都本来の中心ではなく、現在、左京の中心となっている。また、先ほども述べたようにＪＲの地上レベルの鉄道軌道敷きによって京都の南北が分断され、南の発展が遅れてしまった。

そこで、京都の都市の骨格となる朱雀大路を新しい京都の都市軸として再興する計画を考えてみた。新たな都市軸として位置づけたこの朱雀大路とＪＲ鉄道敷きの交点は、本来であれば京都の中心に位置し、いわば風水における「穴」ともいえる重要な場所である。この場所に新京都駅を提案し、さらに南北の融合を図るべくＪＲ在来線の地下化も提案した（図８）。

新京都駅の敷地として想定した場所は、東西に伸びる巨大なＪＲの鉄道敷きで山陰線が北に分節する地点で、現在は梅小路操車場があり、ここに駅の中心として都市施設を複合的に集積しようという考えである。

京都に新幹線で訪れる際、車窓の低い山並みを背景にした東寺の五重塔を見て、古都の面影を感じるのはいうまでもないが、古くは東西に五重塔が並んでいた。そこで西寺の塔を復元し、さらに京都の都市ゲートとなる羅生門も復元し、駅を含む一帯を伝統的な都市骨格として再興する。これによって、京都における一大歴史街並みゾーンの復興と新たな観光資源の創出を図ることにした。また、この朱雀大路の延長が古来からの鳥羽の通り道となり、かつての「水の道」との結節点、鳥羽の港とこれに隣接する鳥羽離宮ともつながる。そしてさらに、第一章で提案した

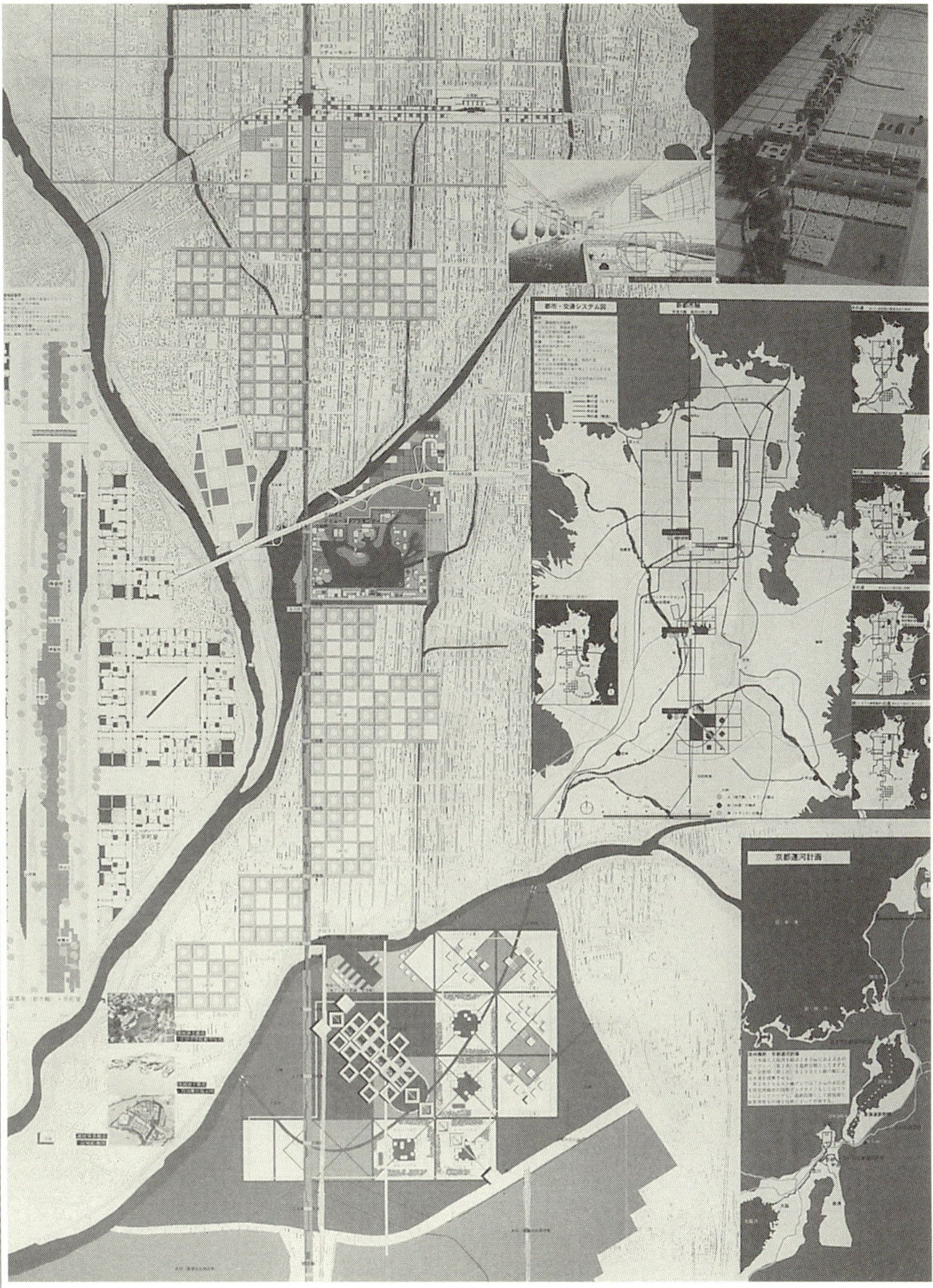


図 8　「ダイナミッククロス 2050」全体計画図（国際コンペ 21 世紀・京都の未来・応募案）

図9　京都新交通システム図

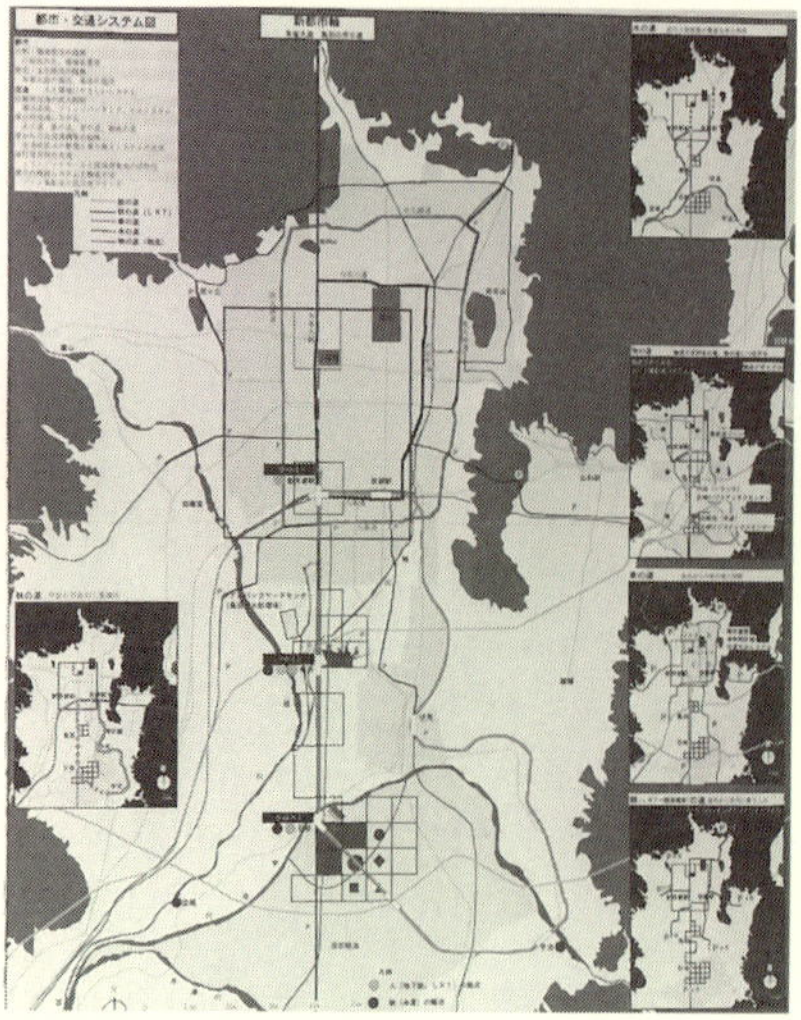

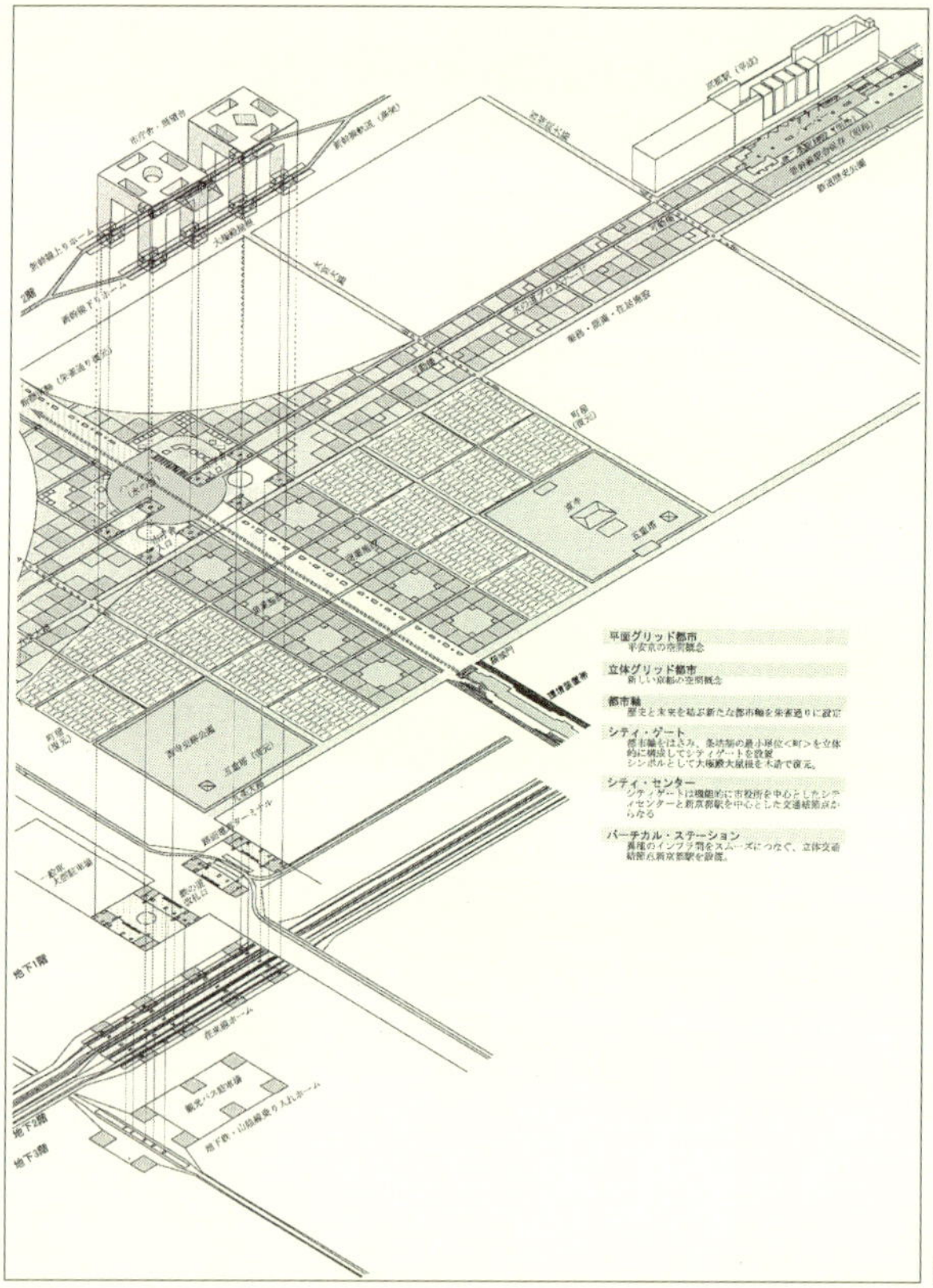



図10　新京都駅全体構成図

巨椋池の京都・新運河都市との関連も図り、全体計画のなかに位置づけた。

新駅は七〇メートルに及ぶ朱雀大路をまたいで東西二つの大きな建物からなる。一つの建物は条坊の最小単位となる一〇〇尺（約一二〇メートル）を基準として平面的にも立体的にも一二〇メートルの立体グリッド構成とした。また、高さも一二〇メートルとしたが、透過性のある構成とするとともに、新たな都市ゲートとして位置づけた。

二つのゲートのうち一つは、京都の市庁舎として機能し、さらに駅と直結したタウンホールを設置する。新幹線のホームは、現況の高架レベルとして空中にホームを吊る構造とする。また、京都駅と新駅との軌道敷きは、高さ六〇メートルの立体グリッド構成によってやはり透過性の高い施設群として提案している。また、車に代わるＬＲＴやゾーンバスネットワークを導入し、新京都駅をこれらの交通の一大結節点として位置づけている。

さらに都心への車の抑制を図るため、旧市街の外側に環状道路を幹線として設け、市内へのアクセスを制御する交通セルシステムなども同時に提案している。また、第一章でも紹介したように「人」の交通だけではなく、「物」の流通システムについても車が集中しない多元的な交通モデルを提案して、古都・京都の新たな街づくりを提案している（図9〜13）。

そして、この新京都駅に続いて現在、新東京駅についてもスタディを開始している。そのポイントは、辰野金吾設計の歴史的駅舎の特化だけでなく、駅全体を「都市」としてどのように再興できるか、さらに既存の交通手段に「空の道」「水の道」を加えた多元的な交通手段の提案とともに、これらのスムーズな接続を考慮した点である。それについては次章で詳しく紹介することにする。

いずれにせよ、駅はこれまでの合理的・機能的な駅から、弱者をも考慮したより人間的な駅への転換期に差しかかっているといえる。さらには、マルチモーダルな社会に対応した多元的な交通結節点としての役割が求められている。このようななかで、これまで述べてきたことを具現化

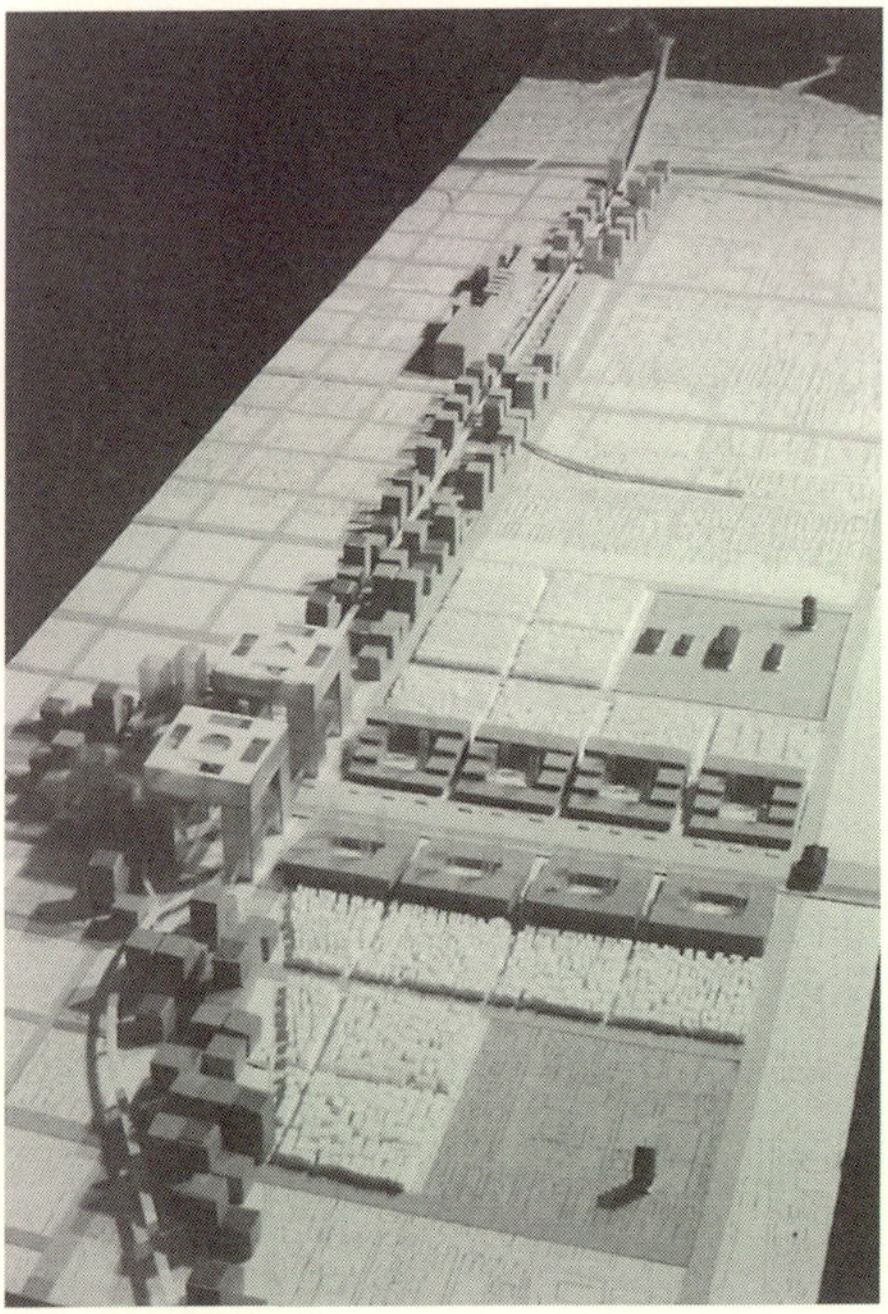

図 11　**新京都駅模型**／京都駅（上方）・鴨川・東山方向を望む

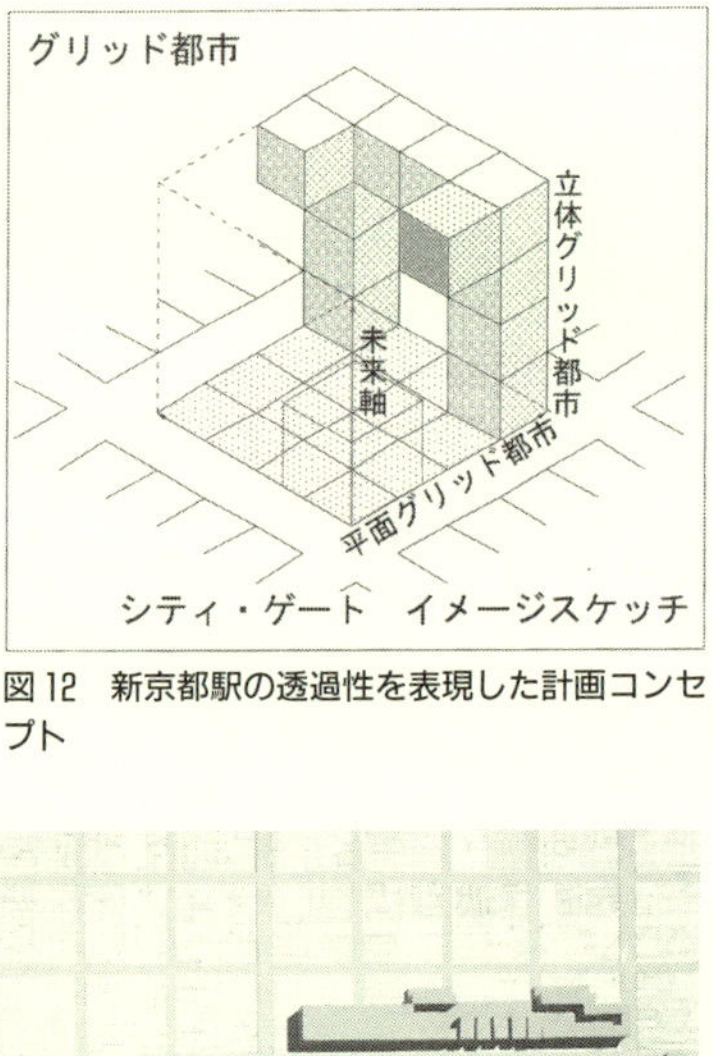


図 12　新京都駅の透過性を表現した計画コンセプト

図 13　京都駅（右）と新京都駅（左）

しなければならないわけだが、すべてを満足できたとはいえない。そこで、これらのアイデアや構想を実施の設計にどのように結び付けたかを示したい。

## 土木と建築の融合——設計の実践から

「土木」と「建築」の融合が求められて久しい。このインフラストラクチュアとアーキテクチュアの融合を図ることが本書の目的の一つである。駅の計画とデザインにおいて、これまで土木と建築の役割分担は明確で、「土木＝躯体（インフラ）」「建築＝仕上げ（化粧）」という縦割りでとらえられてきたことについては繰り返し述べてきた。一九九五年一一月号の「建築文化」で中村良夫氏はインフラとインフラの接続、インフラと建築の融合の必要性を強く語っている。

土木＝躯体、建築＝仕上げというこの縦割りは、こと駅施設においては土木を優位におき、建築を従属するものとして扱う仕組みが強固にでき上がっている。そして、これが駅における新たな空間の可能性を大きく閉ざしていると思われる。その結果、建築としての駅は、インフラとしてのバス、車、そして歩行者とのスムーズな連続性を十分に考慮しなくとも成立することとなり、結果的には駅舎と各種の交通施設との融合が阻止されてきた。土木と建築が分離、対立して融合が図られない矛盾は、市民の都市生活から快適性を奪ってしまったのである。

### (1)船橋日大前駅（日大口）

船橋日大前駅の設計では、「インフラストラクチュア」と「アーキテクチュア」のハイレベルな融合をめざした。この駅は請願駅という特殊な例ではあるが、土木と建築の融合と、さらにはインフラストラクチュア間の融合のモデルを具体的に試みた小さな実験である。

今、土木界はデザイン化の時代を迎え、「歴史」「景観」「デザイン」などをキーワードにした、これまでにはない新しい動きが台頭している。デザインとは元来、ばらばらに乱れ散っているものを一つにまとめること、総合化することを意味しているが、これまでの縦割り行政のなかではなじめず、また求める機運も少なかった。そうした一方で、橋や街路などにおける過剰な化粧としてのデザインが脚光を浴びた。前者を「土木の内なるデザイン」と呼ぶならば、後者を「外なるデザイン」と区別した認識と同時に、今、土木にこの二つの視点からのデザイン化が強く求められている。また福祉において、ロナルド・メイス（一九四一〜九八）が提唱したユニバーサル・デザインの概念も[*1]、やはり内外二つのデザインの概念を包含しているものといえる。

土木の総合化、そして土木と建築との融合は、利用する市民にとってもっとも重要な視点である。戦後わが国において、さまざまな分野で制度疲労をかかえることになったが、それを解決すべく行政改革が求められ、さらに公共投資の削減が進められる経済状況のなかにあって、より投資効果の高い施設、いうなれば市民の利便性の高い、公共空間としての駅が今日強く求められている。

クラーク・カーはかつて、大学を村—町—都市にたとえて、社会変化に伴う大学の機能と規模を段階的な発展のうちにとらえた。日本大学理工学部船橋キャンパスは、近年新設された交通土木、海洋建築、航空宇宙、電子などの新しい学科を中心に、隣接する薬学部、短期大学部のほか、二つの付属高校、中学校、小学校を加え学生数は一万人にも及ぶキャンパスである。そこで、本キャンパスがカーのいう「町」から「都市」へのステップを図るべく、キャンパスの地下を横断する東葉高速鉄道線に直結した駅の設置を誘致することになり、一九九六年五月開業に至った。

大学は少子化に伴う冬の時代を迎え、国際的技術者資格制度（プロフェッショナル・エンジニア、以下「PE」）の導入など、これまでにない大きな問題を多数抱えながらも、生き残りをかけて新たな理念が求められている。このようななかで、駅の誘致はもちろんのこと、計画、設計・監理までを教員が行うこととなった。まず大学が中心となって、関係五機関（日本大学、前・住宅・都市整備公団、日本鉄道建設公団、東葉高速鉄道、船橋市）の参加のもと、日本鉄道

＊1　ロナルド・メイスはノースカロライナ州立大学教授・工業デザイナーで、自らも車椅子での生活をしていた。「あらゆる年齢・体格・障害の度合いにかかわらず、誰もが利用できる製品・環境を創造すること、しかも低いコストで美しいこと」というユニバーサル・デザインの概念を提唱した。

施設協会に委託し、基本構想がまとめられた。この結果、東西二カ所の改札口を設け、公共道路からのアクセスを考慮して、キャンパス内に駅とともに駅前広場、アクセス道路の三施設が一体となった事業として総合的に進められることになった。

これに先立ちわれわれは、キャンパス都市の核となる駅とキャンパスの将来計画との整合性を図るべく検討を重ね、駅前広場とキャンパスとの関係をキャンパス軸によって関連づけ、将来にわたる全体計画の構想をまとめた（図14）。

さらに、駅空間については、土木と建築のハイレベルな融合をめざした。具体的には光を媒体とした「環境装置体」によって、地下ホーム階に上屋で取り込まれた光が導かれるような断面計画を実現化した。これは、すでに設計を完了した土木の躯体の変更を求めることでもあり、結果的にこれが実現したことは土木と建築の融合における大きな成果の一つと考えている（図15～17）。

また上屋は、ヨーロッパの駅で多く見られる鉄とガラスによる長大スパン構造の大空間のイメージを、小規模ではあるが現代的に表現すべく、張弦梁構造を生かしたハイブリッドな構造によって提案した（図18）。

駅機能の面では乗降機能に、駅の公共性を考慮して、人々がとどまり、漂うような空間として展示やイベントができる多目的スペースを改札口レベルの駅務室上部に設けた。ここでは、大学からのメッセージや地域の人たちの文化活動が行えるような空間でありたい

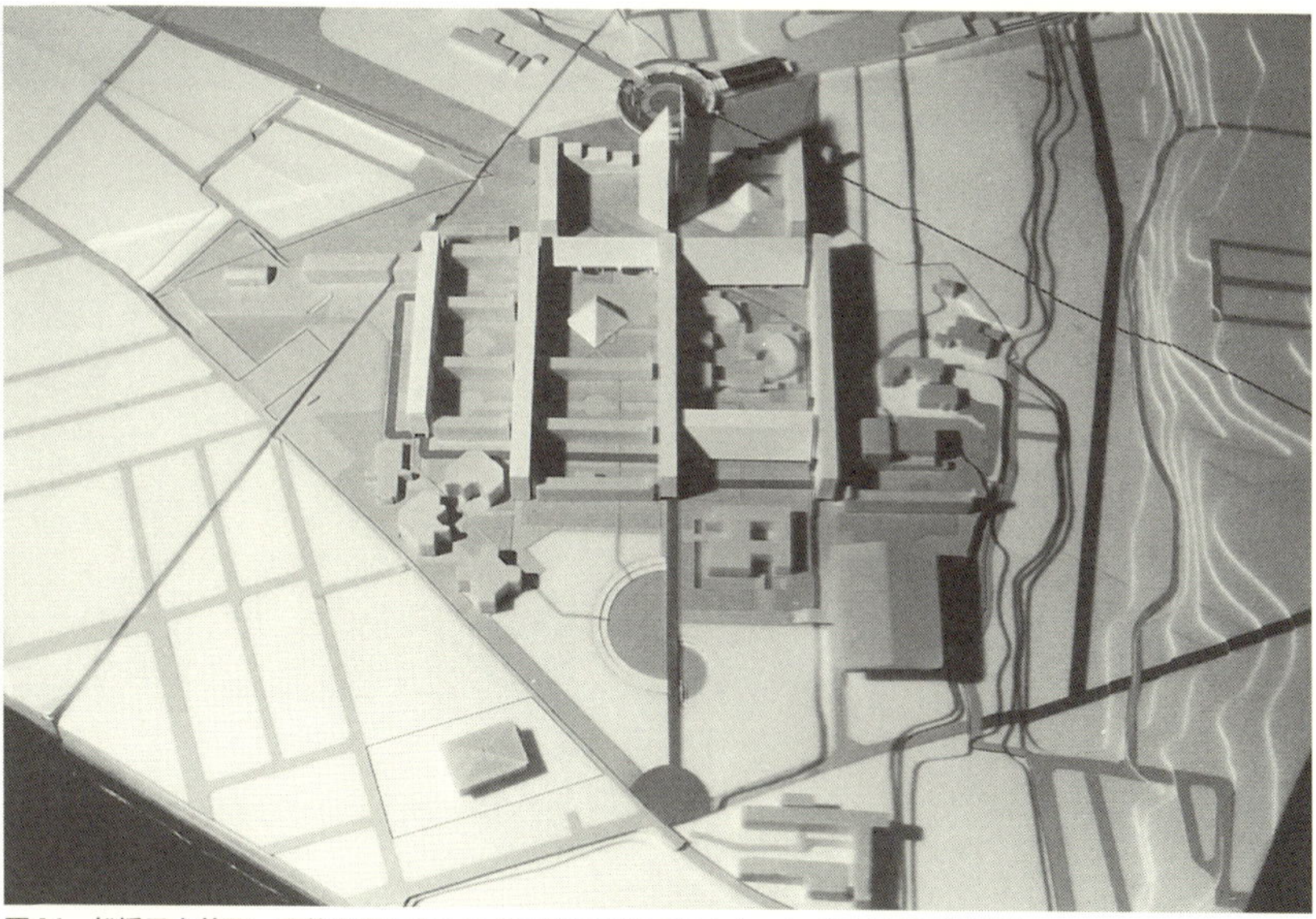

図14　船橋日大前駅・駅前広場をキャンパス軸で関連づけたキャンパス将来計画模型

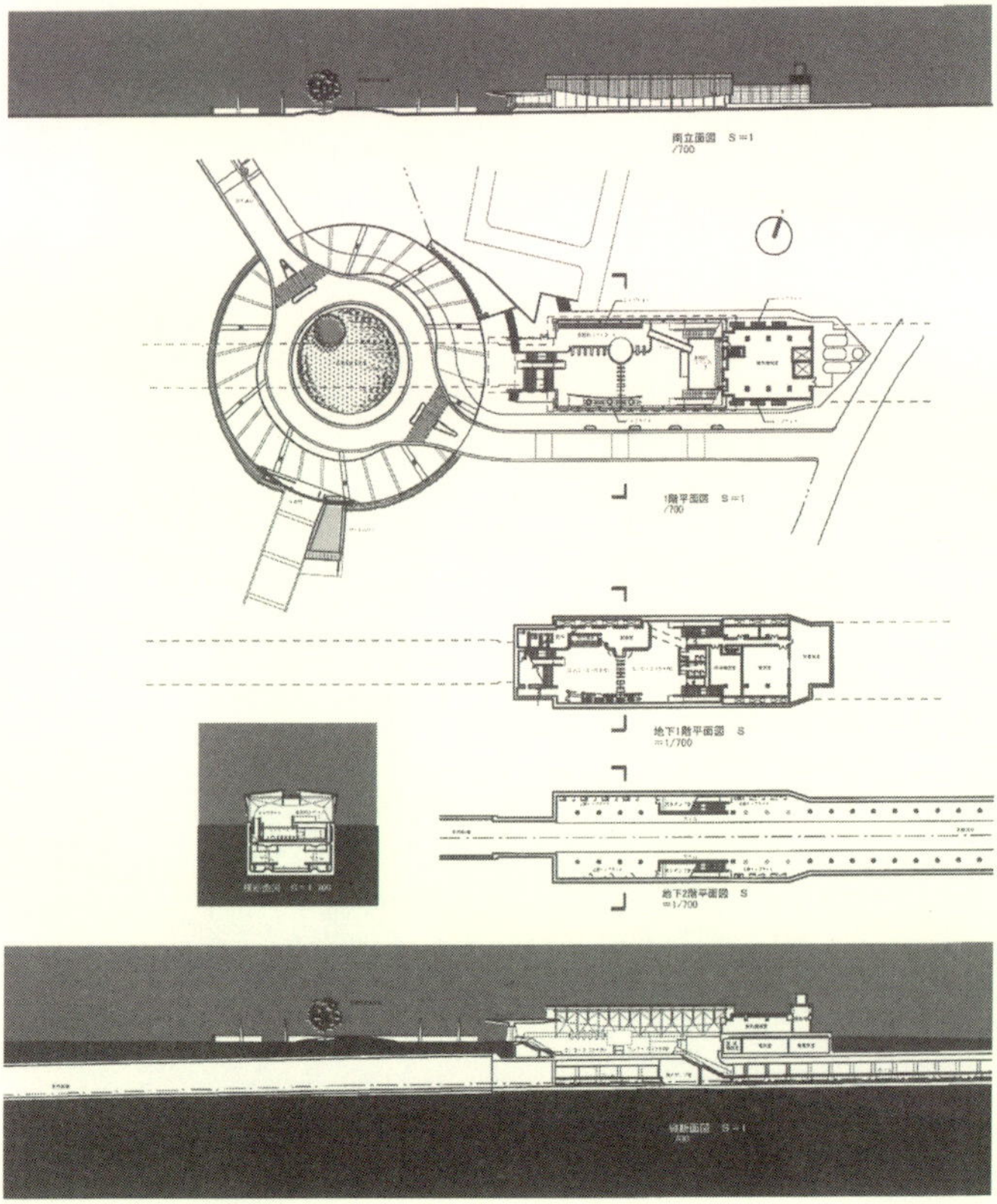

図 15　船橋日大前駅図面

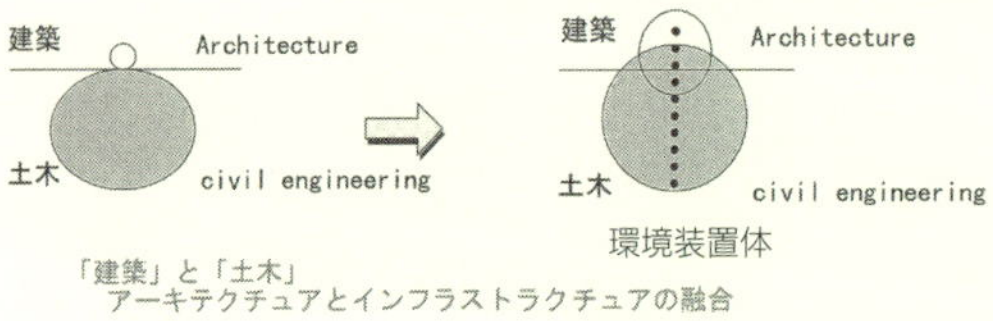


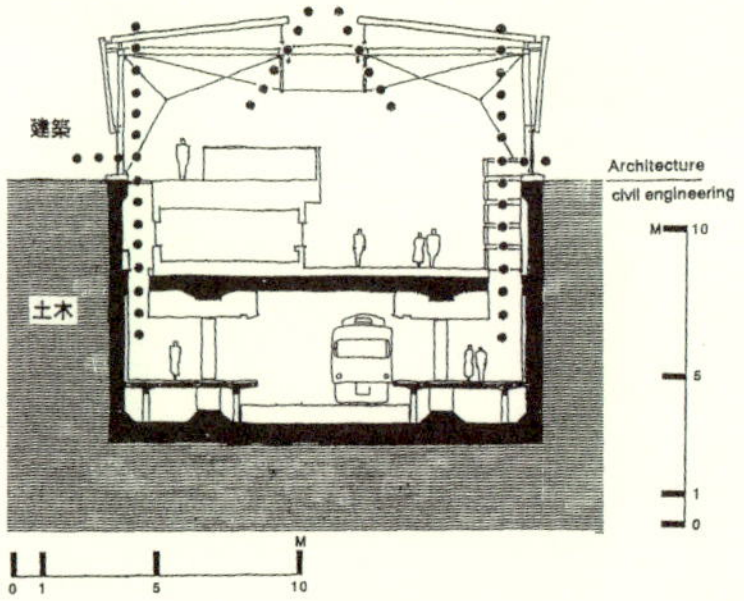


図 16 「環境装置体」による土木と建築の融合の計画コンセプト

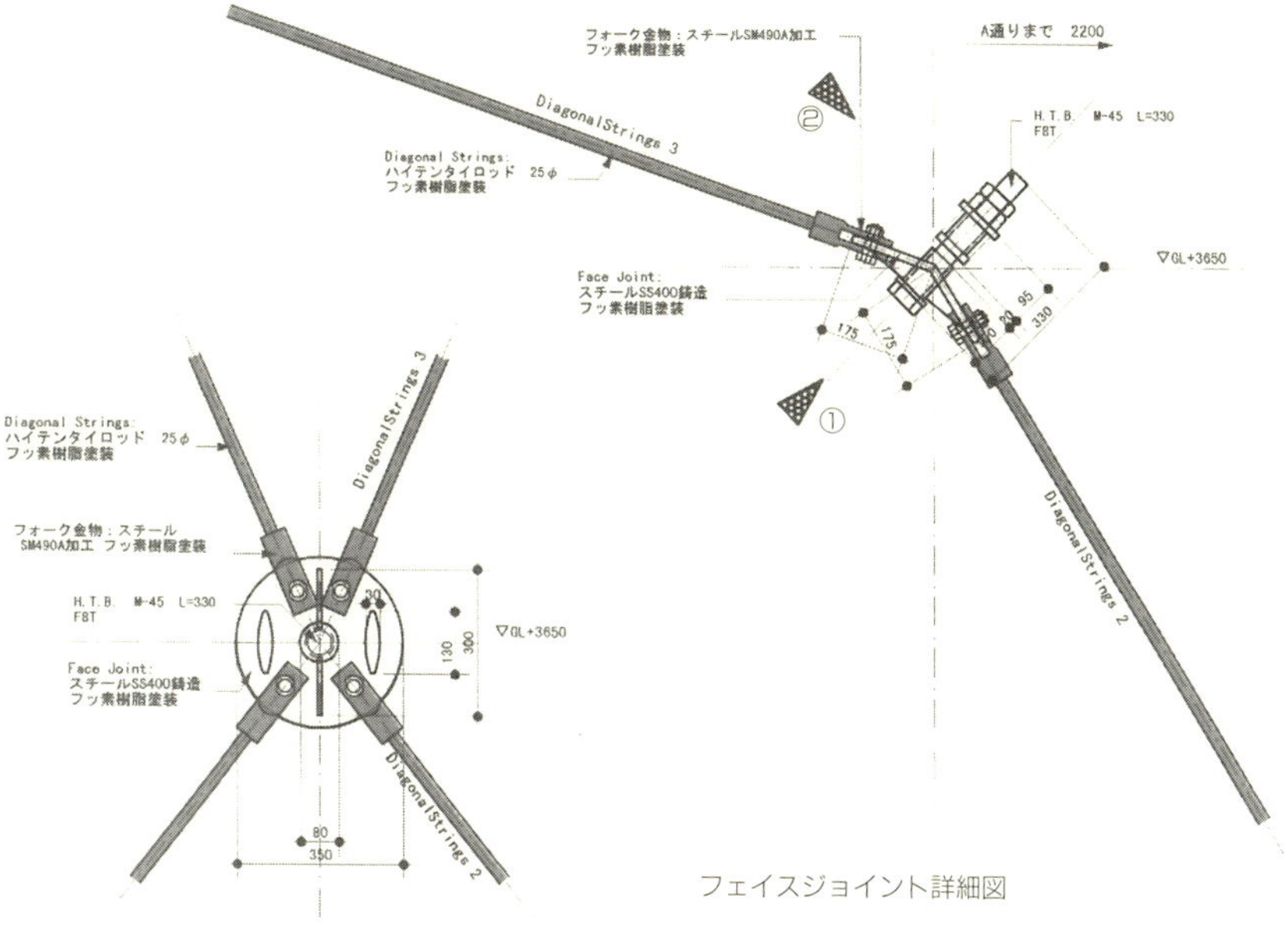


フェイスジョイント詳細図

①立体図

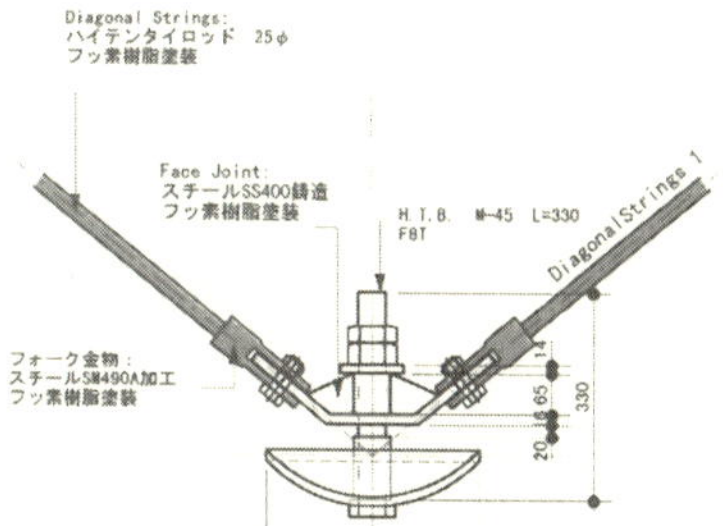


②立体図

**図18 ハイブリッド構造のジョイント部分詳細図**／スリット透過性を確保するため顔とその目を表現

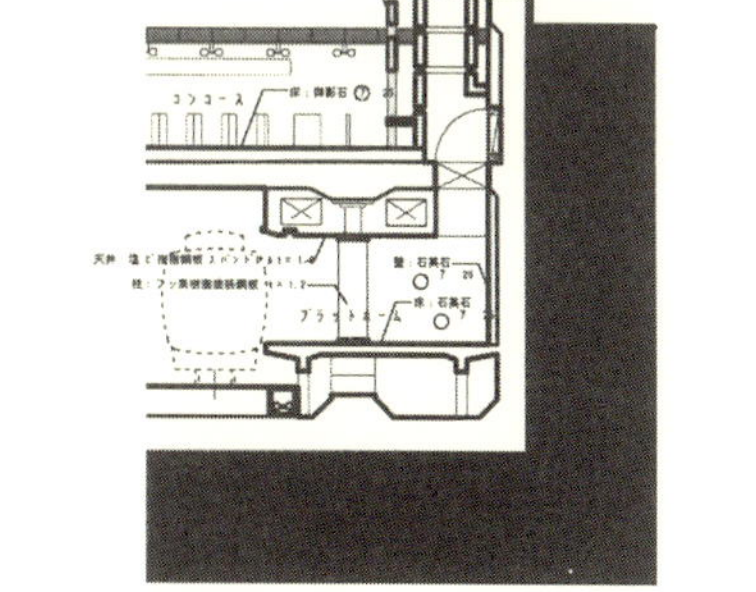

**図17 「環境装置体」を形成する断面詳細図**

と考えた。駅を「駅舎」としてではなく「都市」として、また駅を「待つための空間」に少しでも近づけることができたのではないかと考えている（図19〜23）。

一方、地下ホーム階の列車の走る軌道部分については、今回いっさい計画に立ち入ることはできなかった。その結果、土木躯体に直付けとなる架線と軌道を含むホーム空間の一体感が損なわれているのではないかと思っており、この点は今後の課題と考えている。

しかしながら、この軌道空間を除けば理想的な計画が可能となったと考えており、土木の総合化、そしてこの土木と建築の融合の実践に対して、多くの人々にご理解いただいたおかげと感謝するとともに、この経験が今後の駅空間創出のモデルになることと期待している（表1）。

船橋日大前駅はその後、一市民の推薦がきっかけで一九九七年度の千葉県建築文化奨励賞をいただいた。また、市民投票によって決められる関東の駅百選にも選ばれた。小さな土木と建築の

図19　船橋日大前駅と駅前広場キャンパスゲートとゲートハウスを俯瞰

図20　日本大学キャンパス（左）と都市基盤整備公団の街づくり（右上）をつなぐ駅と軌道

表1　船橋日大前駅

| | |
|---|---|
| 設計 | 日本大学設計グループ<br>日本鉄道建設公団<br>パシフィックコンサルタント |
| 総括 | 三浦裕二、土谷幸彦 |
| 設計担当 | 伊澤　岬、眞鍋勝利、伊藤千秋 |
| 構造担当 | 斎藤公男 |
| 設備担当 | 浮ヶ谷福蔵 |
| 監理 | 日本鉄道建設公団 |
| 協力 | 伊澤　岬、眞鍋勝利 |
| 施工 | 奥村組＋福田組 |

**図21　キャンパスゲートより広場越しに駅を望む**／右は大学ゲートハウス、広場の街路灯10本は大学創立100周年をシンボライズして彫刻的に構成

**図22　ヨーロッパの駅の伝統的な大空間をハイブリッド構造で表現**

融合における、実践の評価と喜んでいる。また、一九九八年、鉄道建築協会賞作品部門において最優秀賞を受賞した。

(2)都営地下鉄一二号線（大江戸線）駅舎プロポーザル・コンペ課題駅——国立競技場駅

都営地下鉄一二号線の駅舎のコンペが一九九〇年発表された。たまたま船橋日大前駅のスケジュールが滞っていた時期でもあり、これに参加することとした。参加には建築家のみならず土木技術者との共同による組織が求められた。まさに、土木と建築の融合を具体的に求めるコンペであった。仕掛け人は、審査委員長の芦原義信氏と副審査委員長・中村良夫氏である。課題駅の一つ国立競技場駅において、われわれは地下空間との連続性を図った竪穴吹抜け空間として「環境装置体」を提案した。これは前述の船橋日大前駅に共通するコンセプトである（図24、25、表2、3）。幸いにも当選し、現在新宿西口駅と東新宿駅の二つの駅の実施設計を行い、本年竣工予定である。

このコンペでは、当選した一五社に対して一二号線の全二六駅を一、二駅の割合で担当することとなった。設計者にはアプル総合計画事務所、團・青島建築設計事務所、横河健氏、渡辺誠氏らが、さらにゼネコンの設計部など多彩な顔ぶれとなった。各駅がそれぞれ個性的であるだけではなく、共通性と駅相互のバランスをどう考えるかなど自主的に設計者間での話し合いももたれた。

しかし、ここでも土木と建築の壁は厚く、私たちに求められたのは結果的に巨大インテリアのデザインがほとんどであった。このあいだの事情を直接一二号線とは明記していないが、中村良夫氏は土木学会誌で「……デザインの知恵はトンネル構造、プラットフォーム構造、コンコース階を含めた立体空間の分節などの基幹構成（アーキテクチュア）の提案において発揮すべきである。……」、さらに「……地下鉄道駅の提案という画期的なコンペを多としたいが、この点では反省材料も残したと思う」と総括している。

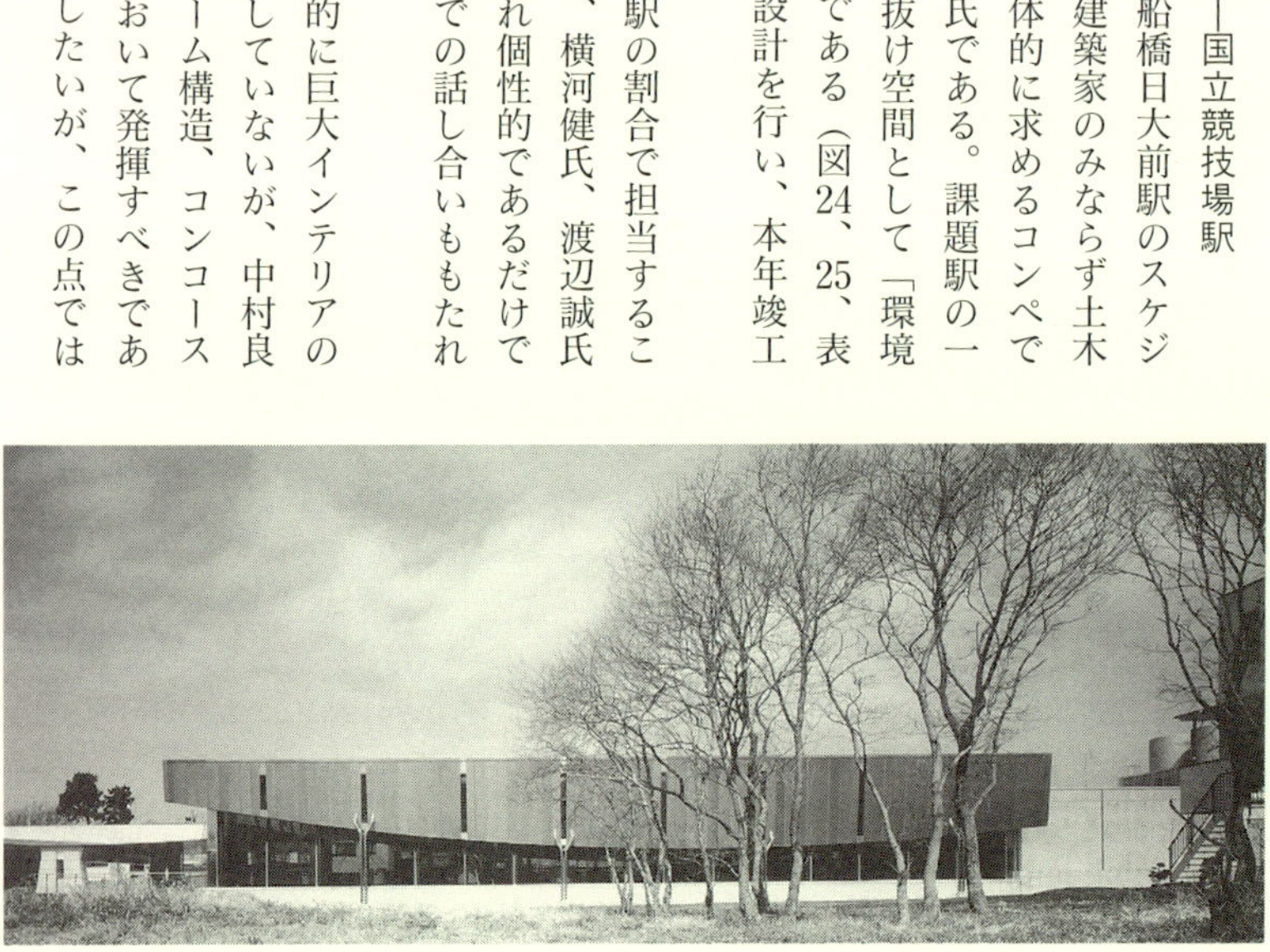

図23　壁面のカーブによって「離陸」「飛翔」をイメージ

このような厳しい設計条件のなかではあったが、担当した二つの駅の設計では、地下のホームと地上出入り口との連続性を重要なテーマとして取り組んだ（図26〜31）。

特に、新宿西口駅は、想い出横丁の角地と青梅街道の二カ所に、地下空間への出入り口を設置した。ここではより開放的な空間を求めて、地上の出入り口はガラスとスチールのトラス構造材によって透明感のある構成とした。「ロミオ」と「ジュリエット」と名づけた二つの出入り口の小さなガラスの箱は、構造材の色彩によってその違いを表現した。

このガラスの箱のデザインにあたって、エクトル・ギマールが設計したアール・ヌーヴォー様式のパリ、ポルト・ドーフィヌ駅のイメージがあった（図32）。

一方この駅本体は、地下四層にわたる大きくて複雑な構成となるため、利用者が方向を認知しにくい迷路的空間に陥る危険性をはらんでいる。そこで、地下における利用者にとって印象や記

図24　地下鉄12号線コンペ課題駅国立競技場駅全体模型

図25　地下鉄12号線コンペ課題駅国立競技場駅／「環境装置体」をガラスの大空間によって地下まで竪穴吹抜けで獲得

表2　東新宿駅

| | |
|---|---|
| 所在地 | 東京都新宿区 |
| 主要用途 | 駅舎 |
| 設計 | 伊澤　岬、三浦裕二<br>マナベ建築設計事務所 |
| 面積 | 延床面積 6,936.75 m² |
| 階数 | 地下3階<br>地下出入り口（合築ビル） |
| 構造 | RC構造 |
| 設計期間 | 1997.3〜1997.12 |
| 施工期間 | 1998.9〜1999.5 |

表3　新宿西口駅

| | |
|---|---|
| 所在地 | 東京都新宿区 |
| 主要用途 | 駅舎 |
| 設計 | 伊澤　岬、三浦裕二<br>マナベ建築設計事務所 |
| 面積 | 延床面積 12,660 m² |
| 階数 | 地下4階<br>地下出入り口 |
| 構造 | RC構造　出入り口はS構造 |
| 設計期間 | 1998.3〜1998.12 |
| 施工期間 | 1999.4〜2000.12 |

図 28　地下鉄 12 号線（大江戸線）新宿西口駅ホーム階「チューブ」

図 26　地下鉄 12 号線（大江戸線）東新宿駅改札口付近コンコース

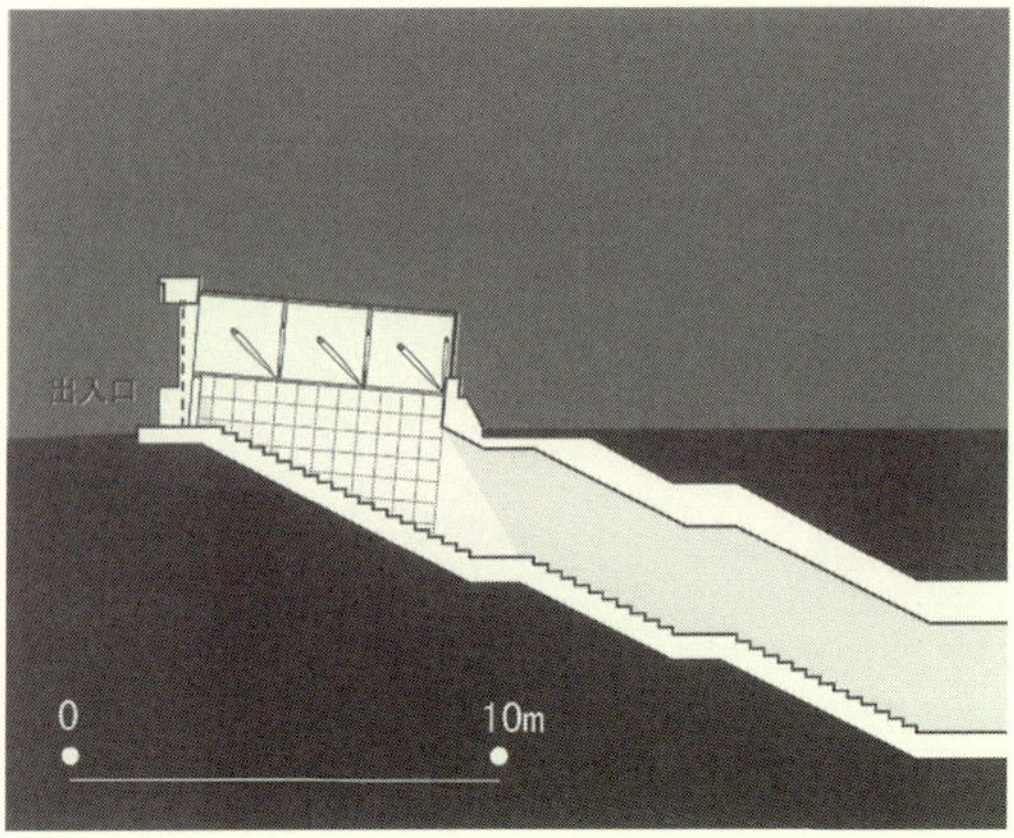


図 29　地下鉄 12 号線（大江戸線）新宿西口駅「ロミオ」断面図

図 27　地下鉄 12 号線（大江戸線）東新宿駅ホーム階の対向壁

図 31　地下鉄 12 号線（大江戸線）新宿西口駅地下出入り口「ロミオ」模型

図 30　地下鉄 12 号線（大江戸線）新宿西口駅地下出入り口「ロミオ」模型

憶に残る特徴ある空間をめざすために、ここでは「環境装置体」というコンセプトとは相反する「異空間」の創出を積極的に図った。具体的には、駅の最下階となるホーム階における対向壁をチューブのイメージを強調して、全体を金属版による曲面構成とした。空間的に曲面構成にできない反対側と、もう一つの駅、東新宿駅の両対向壁ではリブ状の金属版を斜めに張ることでホーム階ならではのスピード感と方向性を獲得し、地下における「異空間」を表現した。

また、改札口とホームをつなぐ階段室を特徴的な竪穴吹抜けによって、地下における「異空間」を強調し、結果的に一般利用者の地下における空間・方向の認知性を高められるように工夫した。

地下空間における空間構成を先に述べた「環境装置体」、そして「異空間」として提案したが、その具体的なイメージを事例によって紹介しよう。

まず環境装置体とは、もともとは栃木県の大谷石採石場跡の地下空間で体験した、遠い地上からの光と大谷石の緑の強烈なイメージを具体化したものである。トルコのイスタンブールの地下宮殿を想わせる貯水場や、洞窟のようなストックホルムの地下鉄のホームなどの地下空間には、環境装置体のイメージはわかない。むしろ、これらの地下空間はどちらかといえば地上とは違った「異空間」のイメージで、地下と地上の関係がまったく断絶しているような空間といえる。これも地下空間の魅力の一つではある（図33～35）。

しかし、私がイメージした「環境装置体」はむしろ、パリのレアールの地下鉄に直結した立体的なガラスに覆われたサンクンガーデンのイメージに近い。特に、フィンランドの岩の教会（設計：Timo & Tuomo Suomalainen）は、三つの駅の設計を終えた今になって、もっともそのイメージに近いものと考えている（図36～38）。

スウェーデンもフィンランドも固い地盤の上に都市を築き、ダイナマイトが生み出された必然性を感じさせる国土でもある。そうしたなかで岩の教会は、岩を半地下状にくり抜いて、全体が

図32　パリ・メトロのポルト・ドーフィヌ駅（設計：エクトル・ギマール）

**図 35　異空間のイメージ**／岩をくり貫いたストックホルムの地下鉄駅ホーム

**図 34　異空間のイメージ**／イスタンブールの地下貯水場

**図 33 「環境装置体」のイメージ**／栃木県大谷石採石場の岩間から見た地上の「光」と「緑」

**図 37　環境装置体のイメージ**／ヘルシンキの岩の教会内部空間。岩と大屋根のスリットから光が差し込む

**図 36　環境装置体のイメージ**／パリ・レアールの地下鉄とつながるサンクンガーデン

**図 38　環境装置体のイメージ**／ヘルシンキの岩の教会内部

金属の大屋根に覆われ、この大屋根のサイドから光が差し込むドラマチックな空間構成となっている。この大きな空間に、祭壇と礼拝席が設けられたシンプルな構成で、岩の荒々しい壁面構成とやわらかな地上からの光は、私が大谷石の採石場でイメージした空間を具体化したものといえる。しかし、この環境装置体のイメージとしてもっとも重要なエレメント、すなわち採石場で見た「緑」との関係はいずれの設計でも表現されていないが、これは今後の課題と考えている。

## 構造デザイナー・構造エンジニア

構造物を設計するにあたって、土木でも建築でも設計者が構造のパートナーとどのようにかかわるかは重要な視点である。さらに、その仕組みにはさまざまなケースが考えられる。

サンチャゴ・カラトラバのように、その経歴からの想像でしかないが、デザインと構造の双方のイメージを自らの才能によって設計できる人は、デザイナー兼構造デザイナーである。しかしながら、カラトラバは他人の設計した構造物の構造デザインを頼まれることもないだろうし、頼まれたとしてもそのような仕事を引き受けることはないと思われる。

また、戦後の構造デザイナーとして特筆すべき人物の一人、ピーター・ライス（一九三五〜九二）はもともと航空エンジニアであったが、より広い分野の知識を求めて専攻を土木に変えた。彼の主要作品を見ると、戦後の近代建築において、エポックメイキングな作品が数多く含まれていることに驚かされる。

彼は卒業後、著名な構造設計事務所であるオヴ・アラップ・アンド・パートナーズに入社、その最初の仕事はヨルン・ウッツォン設計の、世界的に知られる名建築の一つ、シドニーオペラハウスであったという。コンペで示された軽やかなスケッチを、球体の幾何学的合理性のなかにシエル構造としてまとめているが、構造家としての手腕はこのころからすでに高く評価されていた（図39）。さらに、近年のハイテク建築のはしりともいえるポンピドー・センター（設計：レンゾ・ピアノ&リチャード・ロジァーズ）では、建物全体を巨大なスチールのオープンフレームで構成し、フレームの外側に人の移動と設備の機能を納めるという、これまでの建築の一般的構成では考えられなかったまったく新しい発想が取り入れられている。この建築で、重要なポイントとなるフレームの構造を、ピーター・ライスは橋の構造システムであるガーブレット方式を応用することによってこの独創的なファサードを実現化することができた（図40）。

すでに紹介したTGV・RER・シャルル・ド・ゴール空港駅（設計：ポール・アンドルー）や後述する関西国際空港ターミナル（設計：レンゾ・ピアノ）の構造も彼が担当している。また、コンペで選ばれたベルナール・チュミの設計になるパリのラ・ヴィレット公園における歩行者インフラストラクチュアのキャノピーの吊屋根構造もピーター・ライスが構造を手がけている（図41～44）。

そして、もう一人の構造デザイナー、ヨーク・シュライヒを紹介したい。ピーター・ライスの場合、どちらかというと建築作品が多いが、このシュライヒは数々の魅力的な歩道橋のデザインを手がけており、注目すべき斬新な構造の建築も多い。建築では、ミュンヘン空港にあるホテル・ケンピンスキ（設計：ヘルムート・ヤーン）は大規模なガラスのファサードや屋根構造に特徴のある建物で、その後多くの建築に影響を与えている。

歩道橋の作品では、ケルハイムの歩道橋をあげたい。ケルハイムの街は、レーゲンスブルクからドナウ川を上ったマイン川とドナウ川を結ぶマイン・ドナウ運河の交点に位置する。この歩道橋は、航行する船のクリアランスを確保するため、U字形の桁を二本の支柱で吊るユニークな形態で、特に桁がスロープ状になり機能的にも「福祉」を考えたユニバーサル・デザイン対応の歩道橋といえる。

第三章のリビング・ブリッジで、橋の構造が建築の大空間のヒントとなることを紹介した丹下健三氏設計の国立代々木体育館は、戦後の日本を代表する現代建築の一つで、構造デザイナー・

図 40　ポンピドー・センター（パリ）（設計：レンゾ・ピアノ+リチャード・ロジャーズ）

図 39　シドニーオペラハウス（設計：ヨルン・ウッツォン）

図 42　ジャパンブリッジ（パリ・デファンス）（設計：黒川紀章）

図 41　ラ・ヴィレット公園（パリ）のキャノピー（設計：ベルナール・チュミ）

図 44　ルーブル美術館（パリ）・地下の逆ピラミッド（設計：I. M. ペイ）

図 43　シトロエン公園（パリ）温室（設計：パトリック・ベルジェ）

坪井善勝氏との共同設計による。船橋日大前駅の構造を担当した斎藤公男氏は、大学院生時代坪井氏のもとでこの体育館の構造設計に携わった。丹下氏と坪井氏の設計打ち合わせに同席していた斎藤氏によれば、いつも丹下氏が構造を、また坪井氏はデザインをそれぞれ積極的に提案していたという。

この斎藤氏も日本を代表する構造デザイナーの一人で、小林美夫先生設計のアーチ構造の岩手県営体育館や木構造の出雲もくもくドーム、複合式張弦梁構造の酒田市国体記念体育館など独創的な構造的空間を多く創出している。もっとも新しい仕事として、日本大学医学部創設七〇周年記念館（リサーチセンター）におけるガラスの構成によるエントランスと、屋上庭園に続く交流ホールの構造についてここでは紹介しよう（図45、46、表4）。

キャンパスの奥まった敷地に、苦し紛れに独立させて設けたエントランスは、最小の二本柱による屋根をテンションによって支え、ホール全体の透明性を確保し、存在感を消した象徴性をガラスの箱で表現している。構造的には、5×10Mのホールを二本の柱で支える最小限構造による究極的モデルといえる。また、テンション材の補強となる結晶のようなトラスの立体的なファサードの初めての作品で、このファサードを「テンセグリック・ガラス・ファサード」と名づけている（図47～49）。

一方、交流ホールは懸垂形の天井を斜柱で支え、広がり感のある空間を獲得している。建物の中心は機能的に医学研究施設であるが、この二つの空間の構造的魅力によって特徴ある建物を生み出している（図50、51）。

土木デザイナーとして求められる才能は、カラトラバのようにデザインも構造も一人で対応できるデザイナーが一つの理想像と考えられる。しかし、幅広い分野を包含する土木においては、いろいろな経歴をもつ多様な構造家像・構造デザイナー像があったほうがよいと思われる。事実、ここで取り上げた、すべての構造デザイナーは、土木・建築の範疇を超えた経歴による創造

表4　日本大学医学部創設70周年記念館（リサーチセンター）

| | |
|---|---|
| 所在地 | 東京都板橋区 |
| 主要用途 | 研究施設 |
| 設計 | 意匠：伊澤　岬（アドバイザー）<br>構造：斎藤公男（アドバイザー）<br>マナベ建築設計事務所 |
| 監理 | 日本大学営繕部 |
| 施工 | 清水建設 |
| 面積 | 敷地面積 54,875.28 m²<br>建築面積 1,221.24 m²<br>延床面積 5,722.70 m² |
| 階数 | 地下2階　地上4階 |
| 構造 | RC構造　一部S構造 |
| 設計期間 | 1996.5～1998.3 |
| 施工期間 | 1998.7～2000.4 |

図 45　日本大学医学部創設 70 周年記念館（リサーチセンター）／２本の柱とテンショントラス構造で透明性を獲得したエントランスホール。ユニバーサル・デザイン対応のスロープと階段による動線を象徴的に空間化

図 46　日本大学医学部創設 70 周年記念館（リサーチセンター）

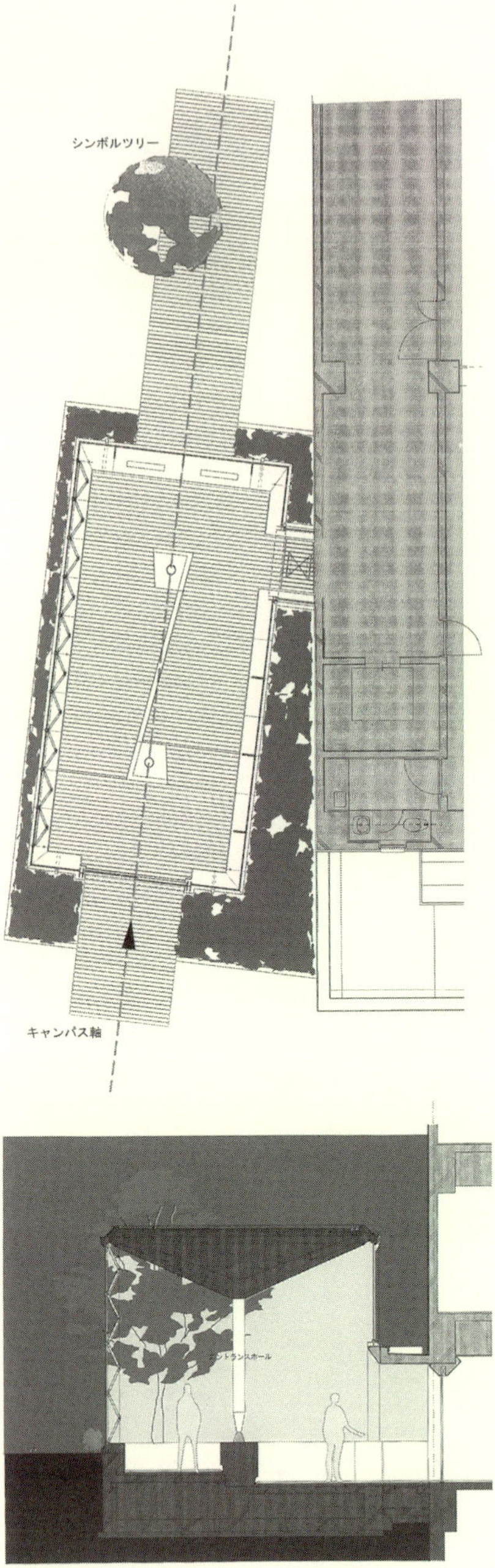


図 48　エントランスホール平・断面図

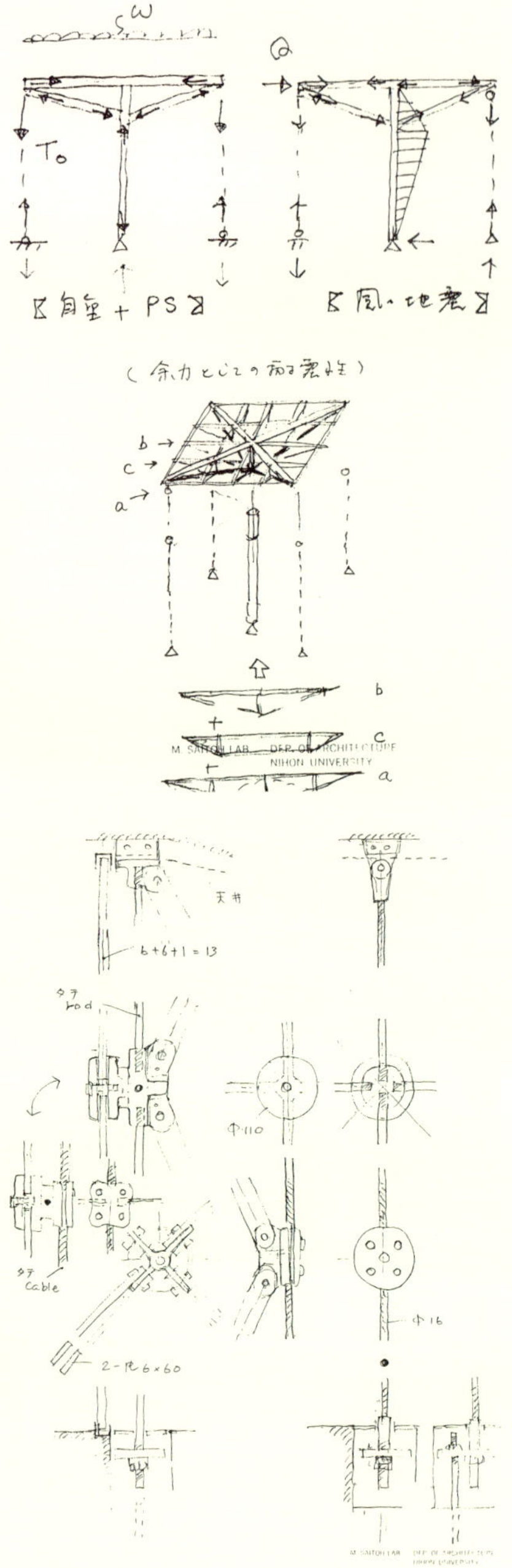


図 47　エントランスホール構造デザインイメージ（スケッチ：斎藤公男）

図 49　キャンパスの軸性を強調するため一方向のみがテンセグリック・ガラス・ファサードとなる

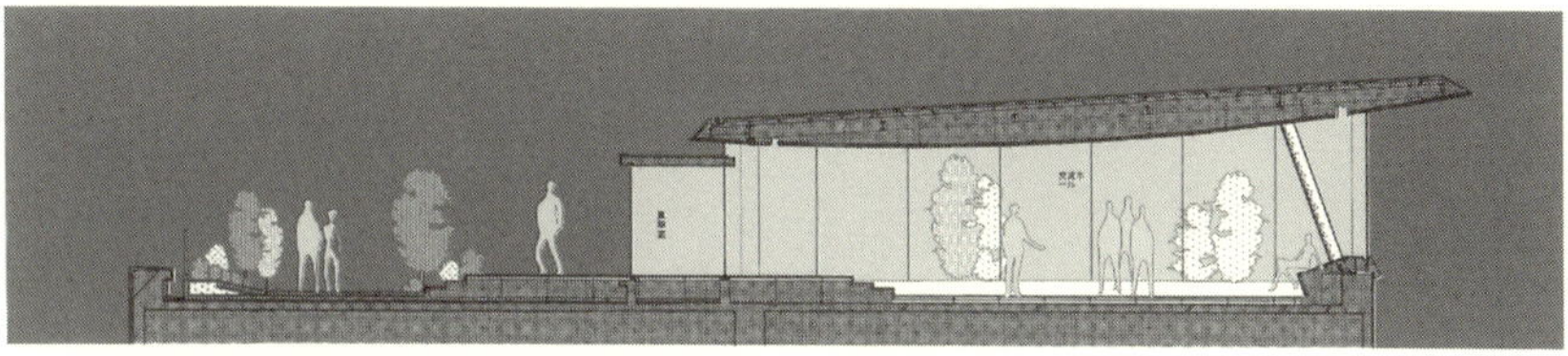

図 50　交流ホール断面図

図 51　最上階交流ホール内部

的な作品を生み出している。

## 総合的交通システム構想の提案——ＴＲＡ　ＰＯＬＩＳと中央線地下化構想

建築学科出身の私が、交通土木工学科で船橋日大前駅の設計の仕事に携わるようになったきっかけがあった。大学院修了後、二年間建築設計事務所で勤務し、助手として大学へ戻ったころ、当時としてはめずらしい学際的な共同研究「軌道空間都市設計研究ＴＲＡ　ＰＯＬＩＳ」プロジェクトへの参加であった。これは赤字をかかえる国鉄の救済的提案として、山の手線の軌道空間を建築化し、都市化しようとするものであった。発案者であった当時の学部長のもと、特に土木、建築の若手実力派と呼ばれる研究者が一〇人ほど召集された。多彩な陣営のなかで、私の役割は実務の下働きと割り切っていた。ところが、構想の立案を含むすべてを一人で対応することとなり、ある程度具体化した段階で、各専門分野からバックアップを受けることとなった。当時、建築のフィールドを超えた土木的、都市的なテーマなど、とても無理であると考えていたが、苦しまぎれに基本的な計画構想をまとめた。

具体的には、軌道の断面形状の違いによって軌道空間をタイプ化して全体像をとらえようとするものであった。このため、計画敷地としてはシンプルな、南北に直線的で、さらに軌道敷地断面が高架状、平面状などの変化に富んだ形状を有する目白—高田馬場間を選択した。とりあえずまとめた基本案に、各専門分野からの提案・アドバイスをいただいて最終案をまとめた。今にして思えば、この貴重な体験がもとになり、その後に携わった数多くの国土、都市的なビックプロジェクトや建築を超えた土木・交通的なフィールドを含む総合的なまとめ方を学ぶことができたように思う。

そして、ウォーターフロントの爆発的なブームも下火になり、バブル最後の花火ともいえるジオフロント（大深度地下）構想ブームのなかで、その実現化への提案を中央線をモデルに、その

図 52　中央線地下化構想と御茶ノ水プロジェクト断面パース

中心拠点となる御茶ノ水駅を取り上げ、提案した（図52）。

発案者は三浦裕二先生でちょうどそのころ、御茶ノ水駅舎のコンペ直前の時期でもありコンペのスタディと考えて参加した。一九八八年当時、東京都の新都庁舎が工事中で、新旧庁舎を結ぶ中央線の軌道敷きが外堀の水面を埋め立てて、暴力的に占領していたため、何とか江戸時代の水と緑の景観を復活できないものかという考えから中央線の地下化を提案した。また、地下に高速道路を併設することで、今日では重要文化財に指定された日本橋の上を走る高速道路の代替ルートの提案を含む、首都圏の交通体系再構築をめざした総合的な提案を行った。

中心となる御茶ノ水駅は、外堀の立体的な斜面景観を生かして建築物をセットバックし、駅と直結した親水空間を獲得して、神田川ー日本橋川ー隅田川を結ぶ「水の道」との交通結節点としても提案している。

その後、発表となった御茶ノ水駅コンペ要項は、京都駅のコンペと同じく、総合的な交通体系の再構築を求める視点はなく、親水空間の獲得さえも考えられない厳しい条件であった。まさに土木と建築の融合の限界、そして土木の総合化への欠落を見ることとなったのである。

コンペは見事落選、地下化の構想で提案した交通システムの変換をベースとした土木と建築の融合の視点はコンペでは求められず、土木との関係を見事に断絶した建築、いわば箱だけのデザインが求められた。土木と建築の融合における限界を目の当たりにしたのであった。

**駅前広場**

駅とともに駅前広場の充実は、人々がスムーズに他の交通機関へ移動するうえで、またユニバーサル・デザインが求められる今日、特に重要な駅関連施設といえる。これまで駅前広場は、すでに述べてきたように、駅とそれにアクセスする車の共存ばかりを優先してきたため、駅と人とのつながりがおろそかにされてきた。

このようななかで近年、総合的な交通結節点としての視点から、歩行者に対して人間的な対応が図られた駅前広場が出現しはじめている。北九州の小倉駅や愛知県の豊橋駅、そして埼玉県の北朝霞駅などがその好例である。

小倉駅（設計：アプル総合計画事務所）は、JR在来線と新幹線に加えて、新交通システムとしての都市モノレール小倉線が新設された。横穴吹抜け空間による透過性の高い駅ビルで、この吹抜けに新交通システムの空中駅を設置して、視覚的にも総合交通結節点としての駅空間の構成がわかりやすく表現されている。さらに、「福祉」の視点からハートビル法や福祉の街づくり条例にそったエレベータやエスカレータ、動く歩道により垂直・水平動線によって歩行者の利便性を図っている（図53）。

一方、豊橋駅（設計：宇野求他）は、路面電車を駅まで延伸させるとともに、特徴的な曲線による人口地盤によって立体的な駅前広場を形成している。特に、パブリックアートをふんだんに取り入れて、これまでの駅前広場にはない密度の高いデザインが施されている。しかし、小倉駅に匹敵する「透過性」など、都市空間におけるインパクトには乏しい。特に、土木と建築の融合の接点となる広場に、機能的でない橋を想わせるアーチのモニュメントには何となく違和感を感じた（図54、55）。

また北朝霞駅は、二つの駅をつなぐ駅前広場の歩行空間に軽い屋根を架けるとともに、この屋根にあるストライプ状のトップライトが特徴的で、このストライプが広場全体の舗装パターンにも展開しており、きわめて印象的な構成をもつ。ランドスケープ・デザイナーの佐々木葉二氏の設計による（図56、57）。

いずれにしても、画一化された鉄骨むき出しの駅前広場が駅とともに、徐々に変わりつつあることは喜ばしい。

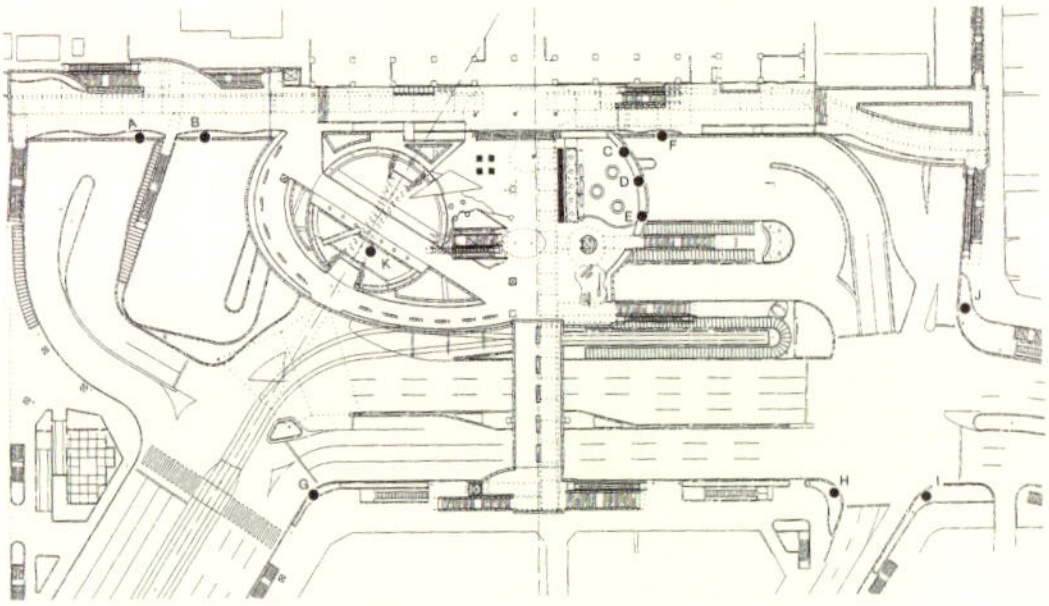

図 54　**豊橋駅前広場配置図**（設計：宇野求他）

図 53　**JR 小倉駅の横穴吹抜けで南北の駅前広場をつなぐ**（設計：アプル総合計画事務所）／ここの吹抜けにモノレールが結節する

図 55　**豊橋駅前広場**／パブリックアートを多く配し路面電車と直結

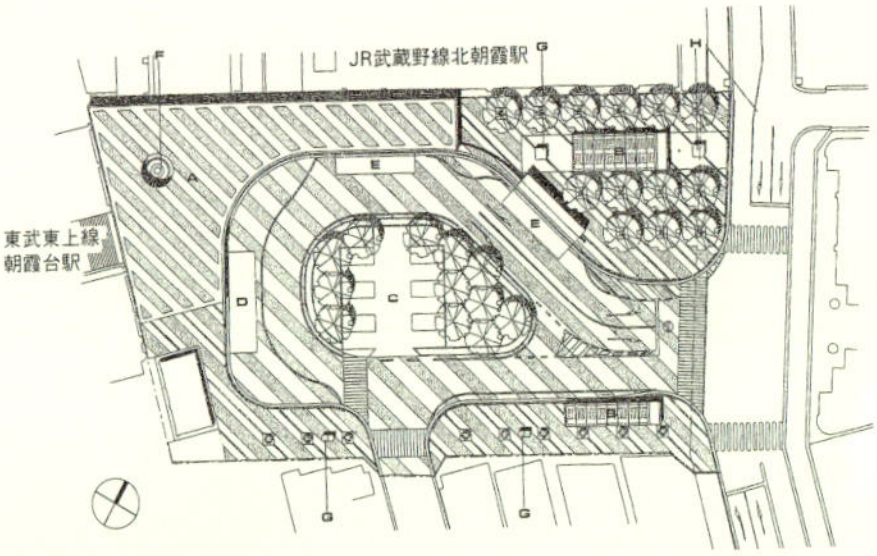


図 56　**北朝霞駅前広場配置図**（設計：佐々木葉二）

図 57　**北朝霞駅前広場**／ストライプ状のトップライトのある屋根と舗装が特徴

(1)船橋日大前駅　駅前広場（西口、日大側）

船橋日大前駅は駅前広場に加え、キャンパス構内と周辺の公道とを結ぶアクセス道路が一体の事業として位置づけられた。

計画地は、キャンパスを形成する軸と、駅と軌道の軸、さらにはアクセス道路軸とがそれぞれがまとまりなく集中しており、加えて空中には高圧電線までが走っている。そこで、これらのさまざまな軸を統合する方法として円形の広場を考えた（図58、59）。

これまで一般的な新設の駅前広場は、幹線道路とは機能的に分離して構成され、結果的に幹線道路から袋状に駅前広場を周回する道路で結ぶパターンがほとんどであった。われわれが計画した円形広場は、幹線道路が広場の周辺道路と一致してロータリー式となるように計画されている。ヨーロッパでは、至るところでこのロータリー式のシステムを見ることができる。日本でもかつては導入されたものの、すでに衰退してしまいその形跡はない。請願駅として、自身の大学キャンパス内に設置することや、関係者の大きな理解からロータリー式の円形広場が実現した。

また、この広場は交通広場であると同時に、大学の創立一〇〇周年記念広場としての機能を併せ持つ広場で、その象徴性からも円

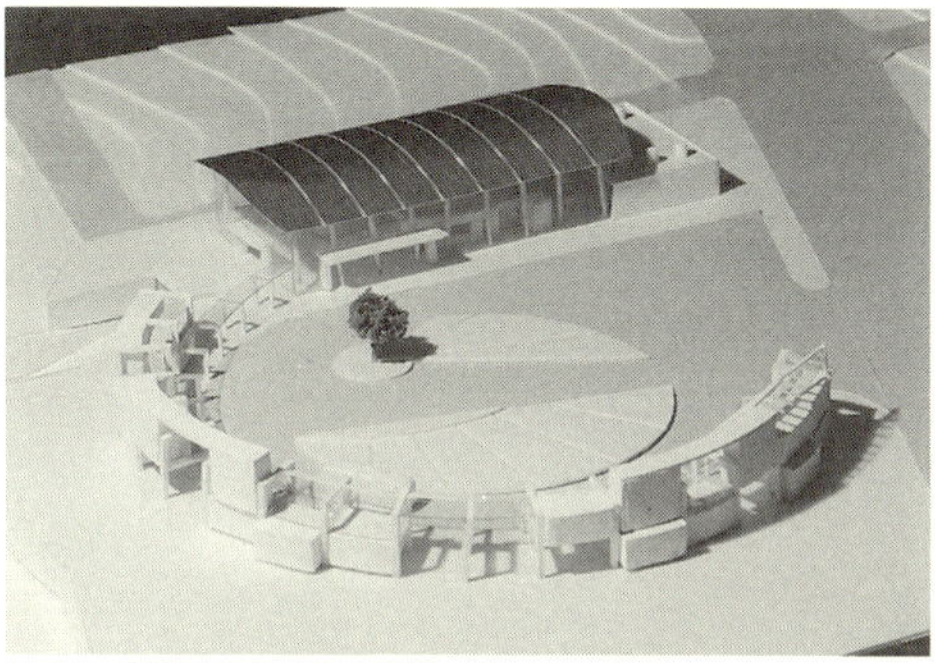

図58　船橋日大前駅東口駅前広場（案）模型

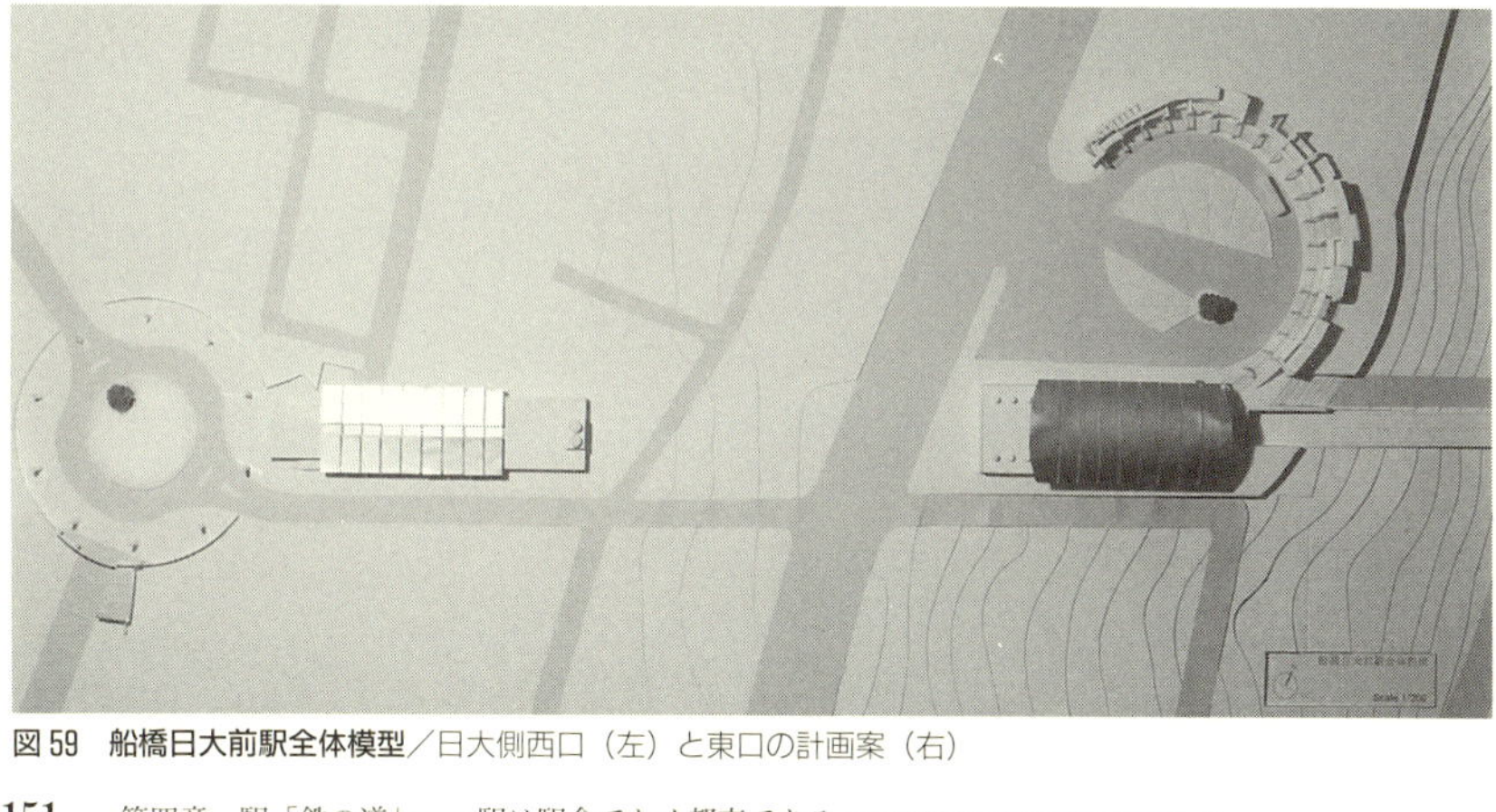

図59　船橋日大前駅全体模型／日大側西口（左）と東口の計画案（右）

図 60　船橋日大前駅東口のコンピュータ・グラフィクスによる検討

図 62　船橋日大前駅東口駅務室上部ギャラリーからの俯瞰

図 61　船橋日大前駅東口外観

図 63　船橋日大前駅東口改札口

形となった。広場を取り巻く一〇本の街路灯は、大学創立一〇〇周年を象徴し、中央よりややはずれたアクセス道路軸上に白い花の咲くユリの木をシンボルツリーとして配置した。このシンボルツリーを中心に、求心的なボーダーによってやや黄みのあるタイルを引き立てた。

また、この広場を象徴する一〇本の街路灯に沿った求心的な一〇本のボーダーは、シエナのカンポ広場における建設当時の政治体制、すなわち評議会の九人にちなんで、広場を九分割したボーダーにならい一〇〇年を象徴した。

その他、交通結節点として、ほかの交通とのつながりを周回道路沿いの駐車帯の確保によってキスアンドライドを考慮したシステムを提案している。さらに、この円形道路につながるアクセス道路を歩車共存道路として計画している。

以上、この駅前広場では、歩行者のスムーズな移動を車よりも優先した広場として位置づけた。

(2)船橋日大前駅駅前広場（東口、都市基盤整備公団側）

請願駅としての駅建設の条件とともに街づくりを具体的に進めるのが、住宅・都市整備公団、現在の都市基盤整備公団である。

この都市基盤整備公団側の駅のデザインは、依頼を受けない段階から大学側の駅の設計と同時並行して独自に進めることにした。計画では両出入り口の上屋に、共通性とともにそれぞれ独自性をもたせることを考えた。具体的には、屋根の形状に変化をもたせてそれぞれの独自性を図るべく、都市基盤整備公団側は曲線によるアーチ状の屋根とし、また張弦梁構造を取り入れたハイブリット構造で二つの上屋の共通性を図った（図60〜63）。

駅前広場はすでに、袋状に広場周回道路が確保されていて、幹線道路から独立した案が提示されていた。現在、この駅前広場を西口のようにより魅力的な形状にするため、独自に検討を重ねている。

都市基盤整備公団側の駅を中心とした開発エリアは、四三ヘクタールで、定住人口七二〇〇人の都市をめざし、二〇〇四年春、街開きに合わせて駅の新たな改札口のオープンを予定している。街が成熟するには長い年月がかかるが、駅オープンに合わせて、駅前の賑わいや活気はぜひともほしい要素である。

そこで、駅から直結した立体的なペデストリアン・デッキを提案した。そして、駅前広場を舞台に見立て、立体的なペデストリアン・デッキを客席と考えて広場全体を劇場的な空間とすることにより、活気ある駅前広場の演出を提案している。ペデストリアン・デッキは、柱と梁による構造フレームをユニットとして構成し、店舗、WC、交番、銀行キャッシュボックス、ファーストフード店など、駅前に最小限必要な都市機能を仮設的に構造体のなかに設置する試みである。

また、広場は通常、周回道路は、バス、乗用車、タクシーの昇降機能を果たすことになるが、祝祭日にはバス、自動車を小さな周回道路に切り替えて、広場の北側半分を歩行者に開放した祝祭的な広場とし、バザー、リサイクルなどの店が並ぶ賑わいを演出したいと考えている。

いずれにしてもどこまで実現できるかはわからないが、じっくりと構想を練っていきたいと考えている。

駅のあるべき姿を考えて、構想を練ったり、いろいろな駅において空間体験することとは、設計の問題意識につながる。しかし、この問題意識によってでき上がったものが、ほんとうに理想的であるかどうかの確信はむろんない。

# 第五章

# 空港「空の道」

## ——空と海をつなぐ空港の創出

水上飛行艇による海上空港の可能性について、小笠原諸島の父島をケーススタディとして提案した。これはわが国の画一的な空港建設に対して、柔軟性に富んだ発想による空港、空港ターミナルのデザインがいかに今、必要とされているかを示そうという考えからである。

そして、この柔軟性に富んだ空港、空港ターミナル計画の発想の一端を、個性的な二人の計画デザイナーによる空港ターミナルの実践のなかに感じていた。まだ交通空間としての歴史の浅い空港において、この二人のデザイン活動から空港、空港ターミナル計画の進化を見ることができたからである。

わが国では、国際的に通用するハブ空港が存在しないうえ、地方空港の画一的で、なおかつ中途半端な充実が気になることは否めない事実であった。この地方空港の画一化に対して、杉浦一機氏[*1]は大都市から地方都市への直行便至上主義を改めて、国内線にもハブ空港システムを導入することを提案している。

具体的にはアメリカに倣い、幹線には大型機、支線には小型機で対応しようとする考え方である。いずれにせよ、このようなシステムの問題とともに、空港、空港ターミナルにおける計画の柔軟性が、国際的にも求められていると考えて本論を進めることにする。

*1　週刊ダイヤモンド二〇〇〇年三月一八日号「直行至上主義を転換し効率的な航空ネットワークへ」

## 二つの小笠原計画

一九六八年、小笠原諸島がアメリカから日本に返還された。この年私は大学四年生で、全国で学生運動が活発化した年でもあった。このときの卒業設計のテーマとして選んだのは、小笠原であった。いうまでもなく返還の年という社会的インパクトを期待しての選択であった。仲間も何人かが選択の一つと考えていたが、小笠原の地形図が手に入るかどうかが決断の大きな条件となった。幸い、返還直後に発行された五万分の一の地形図「小笠原所属火山列島集合図」の暫定版が手に入った。学生運動が求めていた時代のうねりを、この小笠原を計画地とした卒業設計によって何とか表現したいと思ったからである。

しかし、キャンパスはロックアウトされ、大学での作業は困難となった。自宅近くに親戚の好意で、解体直前の一軒家をアトリエ（というよりアジト）として確保することができた。そこで、まず五万分の一の地形図を一万分の一に拡大して、父島列島、母島列島、聟島列島の地形模型を作成した。これを部屋の襖に、小笠原の海をイメージして青のラシャ紙を下地にしてスチレンボードによる地形模型を貼り付けた。そしてさらに、メインアイランドとなる父島、母島の、一〇〇〇分の一の地形模型を作成した。おかげで襖は地形模型やスケッチで埋め尽くされていった。仲間が集まってディスカッションを重ね、多いときには一〇人以上が集まり、どちらかといえば卒業設計のことよりも、大学の将来について熱く語り合ったことを記憶している。

最終的に絞り込まれたテーマは、大学における現実とは裏腹に、小笠原におけるリゾート計画であった。しかし、これまでにないような誰もが容易に利用できる新しいリゾートの形態を生み出そうとたびたびディスカッションを重ねた。

そしてこのころ、商業空間プロデューサーの草分け的存在であった浜野安宏氏が、現在すでに商品化されている「地中海クラブ」のリゾートを、何かのPR誌に紹介していた。この記事を読んで、われわれの考え方に近いと思い、学生ながら電話したところ、快く面会してもらえることとなった。地中海クラブだけではなく、当時、氏が手がけていたスキーリゾートなどからも幅広くヒントをいただいた。その後、氏と建築家・安藤忠雄氏とのコンビによる革新的な商業施設の計画や実施には目を見張るものがあった。つい最近、ようやくこの学生時代の無礼をわびる機会に巡り合うことができた。

すでに当時の卒業設計の図面は紛失しているが、幸いスタディ模型を含む白黒の写真のネガが残されていた（図1、2）。

計画では、貴重な亜熱帯の自然を残すべく、リゾートの居住空間を集約化し、高密度化した。

そして、これをいくつかの単位に分けて拠点を分散させることで、開発と自然保護のバランスを図ろうというものであった。拠点は、Creation Hotelを略して、やや青臭いが「クリアテル」と命名したと記憶している。

亜熱帯の気候を考慮し、南面優先の平面型ではなく、天井の高い大空間を中心に、四方から居住棟を斜めに伸ばした、異形のピラミッド状の外観となった。さながらジョン・ポートマン設計のハイアット・リージェンシー・ホテルばりのアトリウム空間が内部空間の中心に出現した。また、この大空間は当時、大阪万博の計画の一つで丹下健三氏のもと磯崎新氏が進めていたお祭り広場の影響を強く受けて、ハイテクなイベント空間としての利用を考えた。

そうした一方で、諸島全体の中心的な交通拠点を父島に設定し、高速ホバークラフトによる本土とのアクセスを考えた。小笠原の開発にとってもっとも重要なのがこの交通アクセスである。東京より一〇〇〇キロメートルに位置する小笠原諸島への交通アクセスは、現在でも二九時間に及ぶ船旅（三〇〇〇トン、一〇〇〇人）を余儀なくさ

図1　卒業設計「小笠原計画」／部屋の襖をベースに製作した父島諸島の地形模型と施設拠点計画（□：交通拠点　○：宿泊拠点）

図2　卒業設計「小笠原計画」の宿泊拠点「クリアテル」模型

れ、帰りは五日後の出航で、小笠原への旅行は必然的に一週間の日程となる。復帰当時から民間飛行機によるアクセスが考えられてきたが、特に一九八八年の復帰二〇周年を契機に実現化への検討に拍車がかかった。

その結果、人が住む父島の北に隣接する兄島の海抜五〇メートル一帯、狭い非自然保護地区を生かしての敷地選定がなされた。中型ジェット機を想定して、滑走路幅一五〇メートル、長さ一八〇〇メートルが必要となるため、大規模な丘陵地の切土、盛土による造成が伴う。さらに、無人島の兄島へは、ロープウェーや船および橋によるアクセスが必要となるため大がかりな工事となる。

その後、環境庁が兄島に対する自然の貴重性を重視し、兄島での空港開設の見直しを図ったため、兄島での空港建設は事実上断念することを決定し、現在父島での検討がなされているようである。

しかし、そうしたなかで、兄島における空港建設を環境的な視点から学生が卒業設計として取り上げ、島で自力でできる生活・処理能力（水、電力、食糧、ゴミなど）の需要と供給のバランスに見合ったリゾート計画を提案し、加えて父島の交通計画をまとめた。そのなかで、本土との交通アクセスとして水上飛行艇の導入を考え、自然破壊を最小限に止める海の滑走路による空港を提案した。返還三〇年を経て、教え子による小笠原計画の再チャレンジとなった。

父島ではインフラストラクチュアの未整備によって、島内の主要な産業である観光客の低迷が続いている。また、島民生活の充実に欠かせない本土との緊急時の対応、災害時の即応、生鮮食料品の輸送が島民の大きな課題となっている。そこで、水上飛行艇による本土からのアクセスとともに、父島における総合的な交通システムとして電動バスや水上バスによるインフラストラクチュアの整備も提案している。

## 水上飛行艇の活用

水上飛行艇の歴史は古く、現在ではロシアのベリエフ社、カナダのカナダエアー社とわが国の新明和工業が製造しているのみである。飛行艇US―1A機（新明和工業）は現在、海上自衛隊が保有しており、水陸両用の救済・パトロール用として六機が岩国基地に配備され、海上での船舶の検索や救難をはじめ、離島における民間人の人命救助などにおいて活躍している（図3、4）。このUS―1A機を民間機に転用すれば、四、五〇人の乗客、乗員が搭乗できる。また、この飛行艇は、水上では七五〇メートルの滑走で離陸し、二九〇メートルと短い距離で着水できる。さらに、水域から陸へ上がるための斜路があれば、空港としての機能を満たすことができ、きわめてシンプルな施設が可能である。

貴重な植生を破壊し、地形を変更して建設される陸の飛行場のように、広大な着陸帯や誘導路は不要となる。さらに、航続距離も四二〇〇キロメートルと十分、東京とのアクセスが可能である。そこで、小笠原の地形条件に加えて、US―1A型の飛行艇に見合う入り込み客が、小笠原にふさわしい規模と考えた。この小笠原父島には、現在すでに二見湾の海域を着水帯として自衛隊の水上飛行艇が専用空港として利用している（図5、6）。

この飛行艇とその性能については、すでに二〇年も前になるが、わが国で初めての人力飛行機の飛行を学生とともに成功させた故木村秀政氏から直接ご教授いただいた。木村氏は理工学部教授のなかにあってめずらしくデザインの造詣が深く、その技と匠の極みが人力飛行機の成功につながったのではないかと思われる。

わがキャンパスにはこの先生の遺志を継いで、毎年新機の人力飛行機製作に取り組む多くの学生たちがいる（図7）。特に、軽量化を図るためにスチレンのキューブによる彼らの部材作成の技は、われわれ土木・建築の模型作成の技をはるかに凌いでおり、いつも感心している。

図3　海面を離水する水上飛行艇US-1A機

図4　飛行艇US-1A機

## マリンロード計画

水上飛行艇を利用した本格的な空港を、すでに飛行艇の空港として利用されている父島の二見湾に立地するには、航空機の安全運航にかかわる航空技術的な要件（気候条件・地象条件・空域条件）を考慮しなければならない。まず、空域条件として父島二見湾は定期船、漁船などの出入りが頻繁で、民間機が利用するとなると十分な安全性を確保することが難しい。また、航空法で定める水上飛行場の制限を二見湾に当てはめて子細に検討してみると、周辺の山々がわずかながら制限にかかり、湾内だけで飛行艇が離着陸することは不可能であることが判明した。そこで、現行法規で一部障害となる山を削ることなく離着水帯位置を選定するとなると、二見湾より西沖合付近が適切である。しかし、離着水帯の設置付近の海域は、比較的波が高く、飛行艇を定期航空路線とするには、飛行艇の性能から波高を一・五メートル以下に抑えて安全性、快適性を高める必要がある。

そこで、この海域での消波機能は不可欠で、このために防波堤機能を兼ね海上にバンク状の遊歩道マリンロードを提案し、この内側に静水域を確保し、水上飛行艇の離着水帯とした（図8〜11）。

また、ロード内には遠浅の人工ビーチを設け、ロードにヤシの木陰のある散策路を提案している。ヨットをはじめ、定期船はもちろんのこと、離島の特性から悪天候によるさまざまな待避船の出入りが可能となるよう可動橋を設けて円滑に、船の出入りが図れるよう提案している。マリンロードの外海側には、波力発電器と人工サンゴリーフを設け、自家発電を図るとともに消波機能を高め、海域側には海草を植え、海水浄化効果を作用させるなど学生らしい夢が広がっている。

また、マリンロードによって既存市街地と、複合リゾート拠点として提案する洲崎をネットワーク化した電動バスでの連結も提案している。

**図5　父島の二見港（右）と市街地**／港口左は水上飛行艇用の空港施設。後方の島影は兄島

**図6　父島の海上自衛隊の水上飛行艇用空港**／斜路と駐機スペースの簡単な施設

## リゾート拠点と空港ターミナル計画

現在、小笠原諸島は、その貴重な自然から国立公園に指定され、開発は規制されている。この国立公園のなかでも規制が緩い洲崎は、戦時中の空港跡として広大な平坦地を中心とした敷地であるが、この洲崎に設けた空港ターミナルを核として、商業施設、宿泊施設、公共施設を集約的に配置し、それらを有機的につなげた高密度なリゾート都市を提案した（図11）。

具体的には、空港施設を中心に、島民の生活空間とそれを支える公共施設空間、そしてリゾート空間によってゾーニングした。各ゾーン間は、ヤシの木や、パーゴラのある歩行者インフラストラクチュアと、南北に運河を通して、「水の道」のインフラストラクチュアを拠点内の交通インフラとして提案している。

この「水の道」は、海水の流れによって二見湾内の海水循環機能も果たす。島内では、自然エネルギーの有効利用を図るため、風力、波力のほか、太陽光とゴミ処理から出る廃熱を利用した上下水道施設なども提案している。

そして、年間入り込み客数約一三万人のうち、約一二万人が飛行艇で訪れると予測した。その場合、一日当たり七便で一便約五〇～六〇人で計算すると、一日約三五〇～四二〇人の乗降客が予測できる。また、一人当たりの平均宿泊日数を四、五泊として、リゾート拠点における宿泊施設の規模を一日約二〇〇〇人と想定した。

一九九七年三月二三日付けの東京新聞にそうした提案がカラーの写真とともに掲載された。兄島における飛行場建設と環境問題がマスコミで取り上げられていたころで、学生らの提案が社会的にも、何らかの影響を与えたのではないかと考えている。

提案の中心は、いわば、これまでにあまり見られない滑走路の構造方式の選択によって出現した新しい空港の可能性であるが、提案のなかには、小規模な空港ターミナルも同時に提案している。

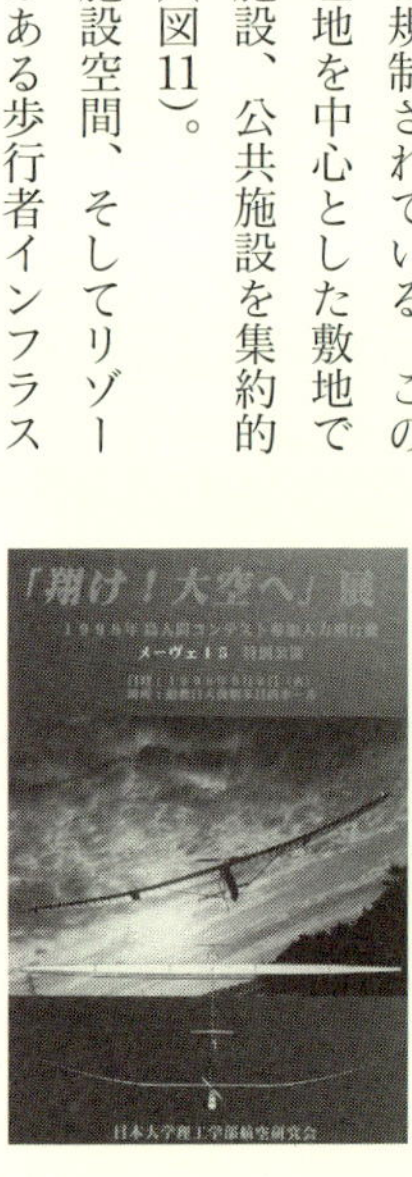


図7　船橋日大前駅多目的スペースで開催された人力飛行機展示会のポスター

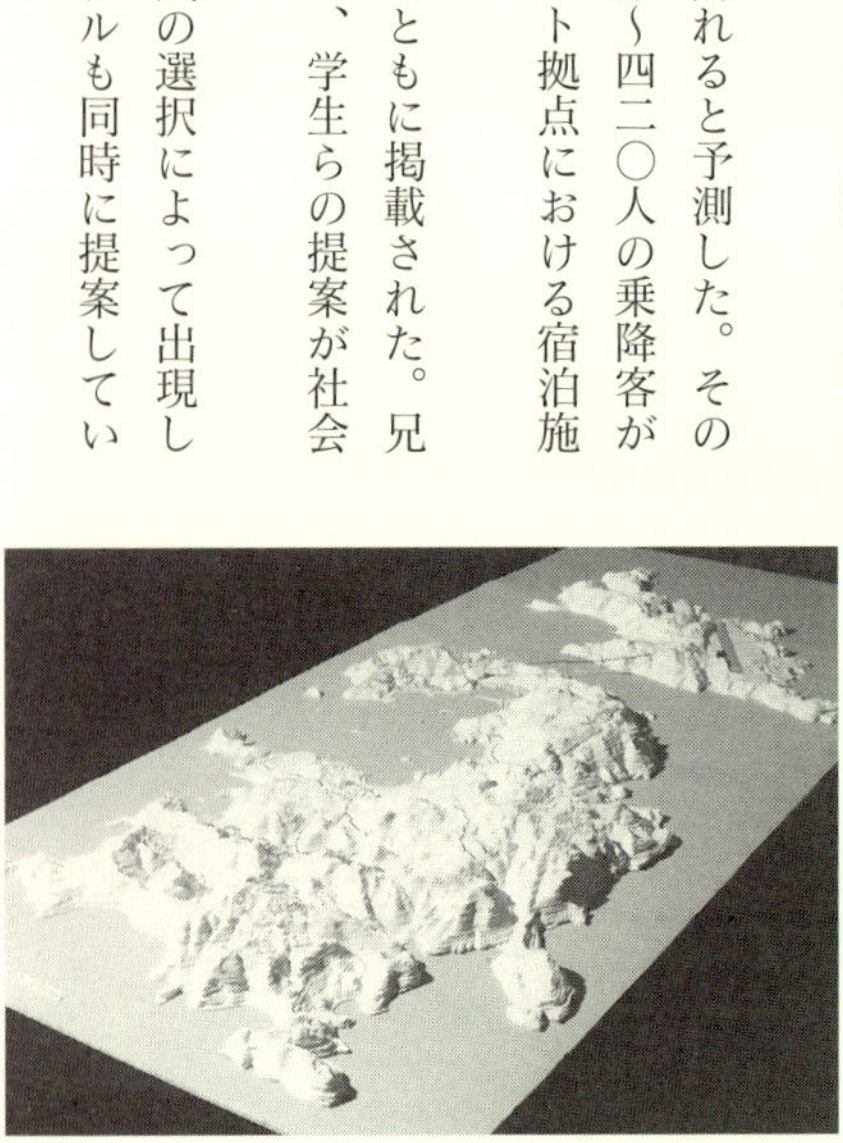

図8　父島・兄島の地形模型

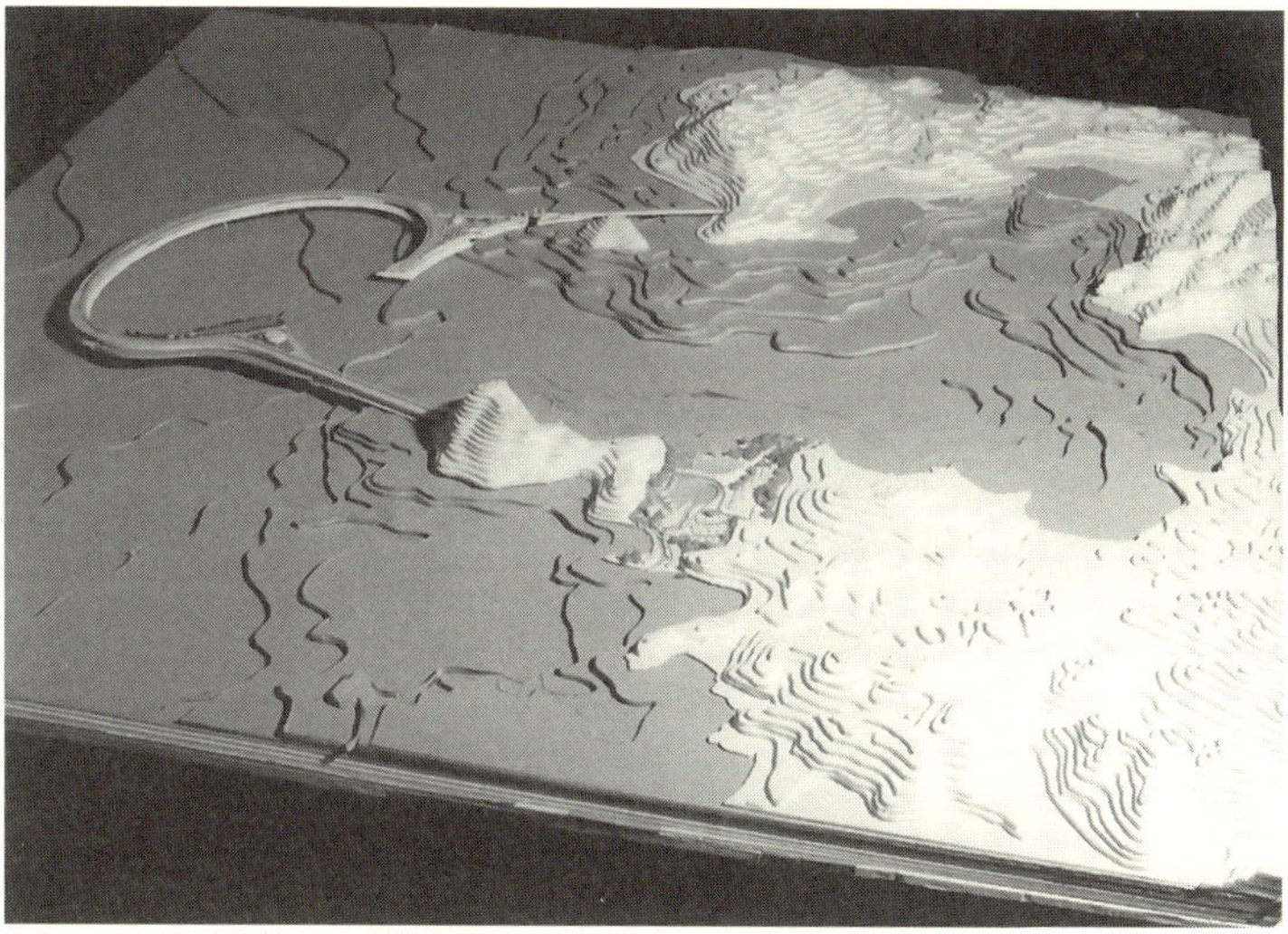

図 9　二見湾・マリンロード計画模型

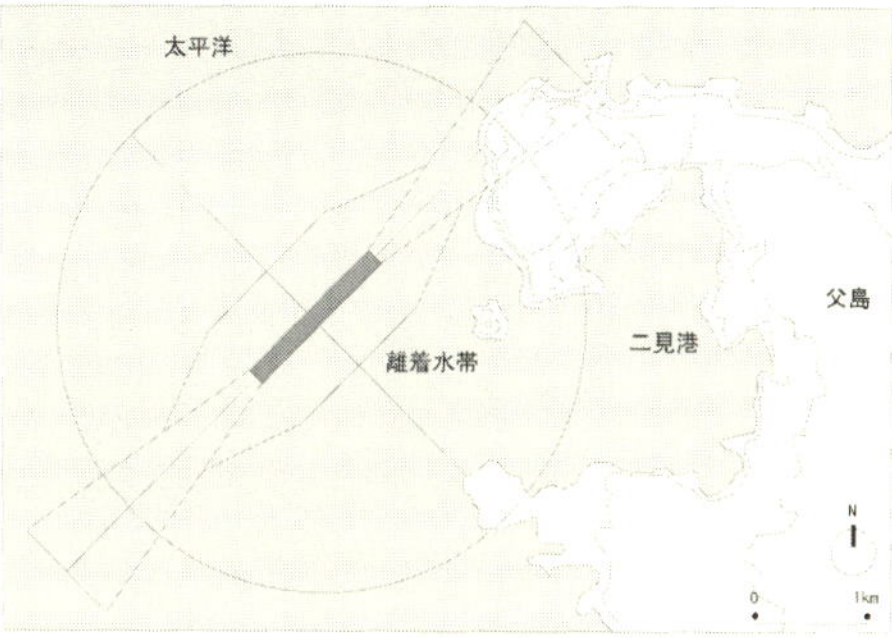


図 10　航空法による離着水帯検討図

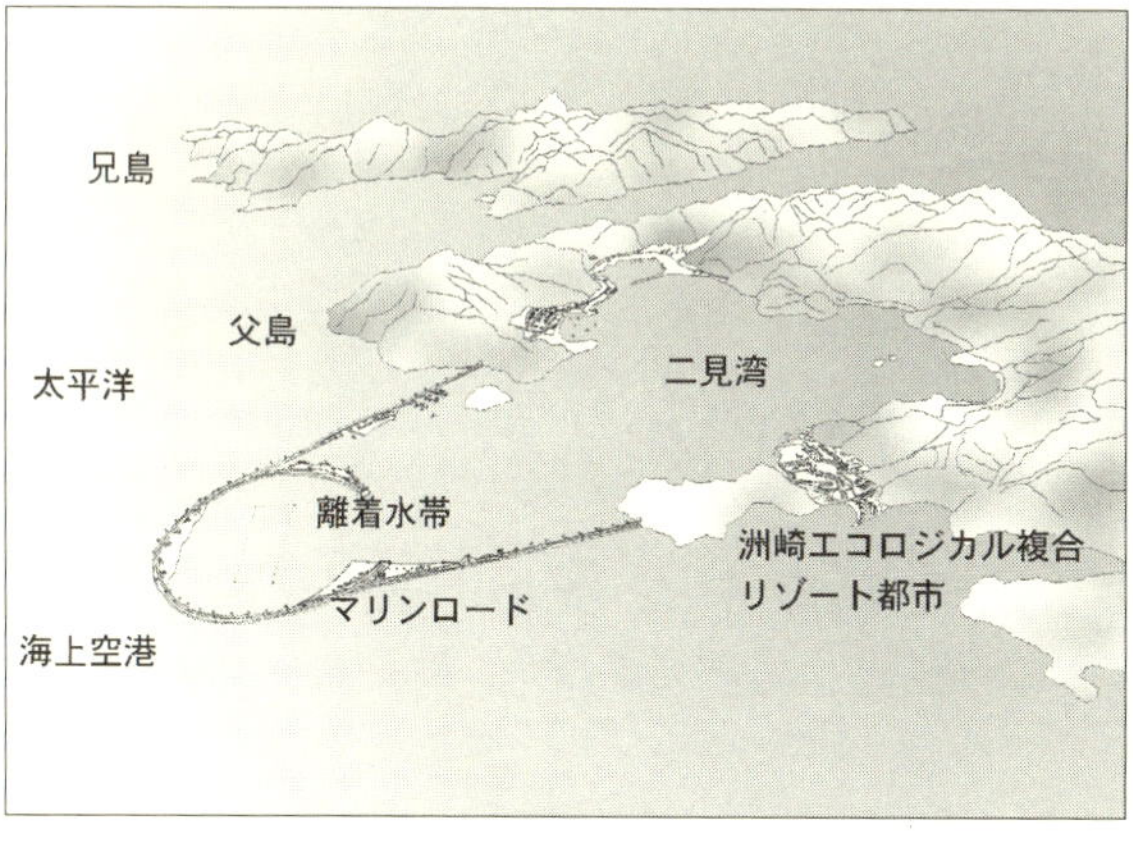


図 11　海上空港の着水帯を取り囲むマリンロードとリゾート拠点（右）の位置関係

## 空港ターミナルから空港都市へ

わが国の港湾や空港が国際的に二流、三流と言われて久しいが、一方で、鉄とガラスによって都市を覆うばかりのヨーロッパの駅における大空間が今や、世界の空港ターミナルにおいても続々と再現されつつある。これまでのエアターミナルに代表された「ビルディングの時代」から、新しい段階ともいえる「空港都市の時代」へと進化しはじめているのである。

新井洋一氏は、大きな一つの屋根の下に、ある都市機能を備えた空港施設の代表としてフランクフルト空港をあげている（図12）。わが国においても、レンゾ・ピアノ設計による関西国際空港にその片鱗を見ることができる。

空港は駅と同様、単に人々の乗降の機能から、ホテルや商業施設、そしてスムーズな乗り換え機能をもつ交通結節点としての機能が求められるばかりでなく、旅客をパッセンジャーではなくゲストとして迎えて対応する運営が進められている。まさに空港も、「駅は駅舎でなく都市である」のと同様に、「ターミナルではなく国際性に富んだ大都市の時代」を迎えはじめているといえる。

関西国際空港の設計者レンゾ・ピアノは、建築界で最高の国際賞といわれているプリツカー賞を一九九八年に、一九九九年には同賞を香港新国際空港（チェク・ラプ・コク空港）の設計者であるノーマン・フォスターが受賞している。このように国際的なデザイン賞の受賞からみても、空港が新しい時代を迎えていることがうかがえる。

そして、このような新世代の空港出現には、歴史的に二人の空港デザイナーの存在が大きかったのではないかと私は考えている。

一人はTWA空港ターミナル（一九六二年）とダレス空港ターミナル（一九六二年）の設計者で、すでにイェール大学のホッケーリンク場やジェファーソン・メモリアル・アーチの設計者として紹介したエーロ・サーリネンである。

図12　フランクフルト空港／ワンルーフの空間構成からなるエアポートシティ

もう一人が先ほど紹介した関西国際空港の計画コンセプトを作成した、ポール・アンドルーで、パリのシャルル・ド・ゴール空港の創設期から二つのターミナルビルにおける計画コンセプトの立案者であるとともに設計者でもある。

エーロ・サーリネンがターミナルビル時代の象徴とすれば、ポール・アンドルーは空港都市の時代への道筋を築き上げた人物と考える。

## TWA空港ターミナルとダレス空港ターミナル

一九七二年、初めてのアメリカ旅行で、何としてもニューヨークにある、ケネディ空港のTWA（トランスワールド航空会社）ターミナルへアクセスし、そこからパンナムのターミナルに移動して、ヘリコプターによってマンハッタンのパンナムビルの屋上に着陸してみたいと思い、計画を立てた。

結局、TWAには、サンフランシスコで乗り換えてアクセスし、またヘリコプターによるアクセスは、アメリカエアラインのヘリコプターでハドソン川のイーストリバーサイドの埠頭のヘリポートに飛び降りることになった。

TWA空港ターミナルへは、サンフランシスコを夜発って早朝到着した。飛行機を降りてターミナルビルに至るアクセスから、幻想的なターミナルビルへの連絡動線としてのチューブがはじまる。四つの大きなシェルに覆われたターミナル空間は隣り合う二つの柱、都合四本の柱によってターミナルビル全体が支えられている。この大きな柱は、屋根の曲線と連続して彫刻的な構成となっている。また、四つのシェルは一体とならずスリットでシェルを連結し、このスリットから差し込む光で、やわらかなシェルの曲面がより強調される。

この大きな一つの屋根に包まれた空間に、都市機能を備えた現在の空港都市の原点を見る思いがした。この時代、すでに空港ターミナルとしての機能を見事に空間化し、これほどまでに人々

図 13　TWA 空港ターミナルのサンクンとなる待合いコーナー（設計：エーロ・サリーネン）

図 14　TWA 空港ターミナルの飛翔感あふれる外観

に感動を与える空港ターミナルの空間はこれまで体験したことがなかった。

また外観、特にエントランスからの表情は、今にも飛び立たんばかりの飛翔感にあふれる形態で、飛行機に乗り込む人々に大きな期待感を与える（図13、14）。

朝五時、朝日が燦々とふりそそぐ深紅のジュウタンが敷き詰められた四段のサンクンとなる待合いコーナーのソファーに身をゆだね、高層ビル群が立ち並ぶまだ見ぬマンハッタンへの飛行を思っていた。

エーロ・サーリネンは、デザイナーであるばかりでなく空港ターミナルの新たなコンセプトづくりにも貢献した。ワシントンDCのダレス空港については、まだ訪問のチャンスに恵まれていないが、この空港のコンセプトの中心は、モービル・ラウンジの提案にある（図15）。今でこそ当たり前のシステムであるが、前例のない提案を施主に納得させるため、家具デザイナーであるチャールズ・イームズの協力のもと映画を製作しての説得となった。この採用によってターミナルにおける平面計画が一変したのである。

空港のデザインにとって、計画コンセプトの独創性や柔軟性がターミナル空間を大きく左右する。歴史の浅い空港は、まだまだ進化しつづける最新の交通空間である。

### シャルル・ド・ゴール空港でのコンセプト

この空港ターミナルの計画コンセプトの進化を、第一線で進めているデザイナーがポール・アンドルーである。シャルル・ド・ゴール空港は、ターミナル1、ターミナル2（A～D）、ターミナル2（F）の三タイプの計画からなり、さらに最近ではターミナル2の（A～D）と（F）の中間に鉄道駅が完成した。前章で紹介した空港駅である。

このシャルル・ド・ゴール空港に見る進化の過程は、空港と空港ターミナルの計画、デザインの教科書的存在と考える（図16）。

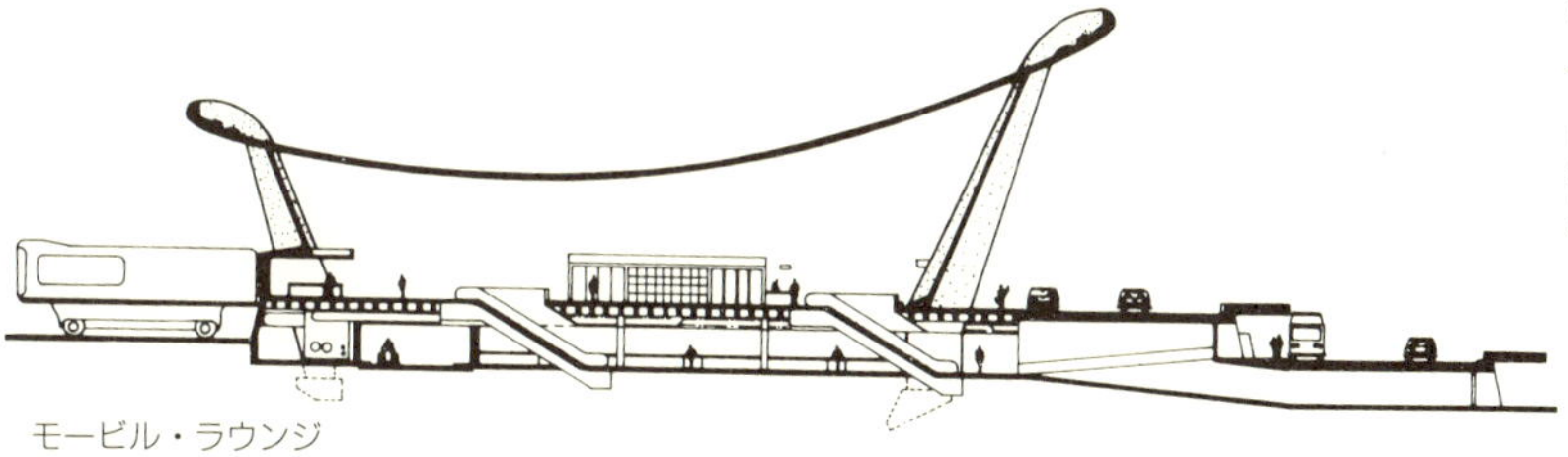


図15　ダレス空港ターミナル断面図（設計：エーロ・サーリネン）

シャルル・ド・ゴール空港ターミナル1（一九七四年）は、飛行機をセンター近くにいかに多く駐機できるかという考えから、ターミナルセンターを円形多層ビルとして集約し、ここにさまざまな空港ターミナル機能や付属する駐車場を収めた。さらに、このセンタービルから放射状に七つのサテライトを設けて、サテライトごとに飛行機を駐機できる構成となっている。このセンタービルとは、地下によってそれぞれのサテライトと直結する（図17）。

このターミナルの見せ場は、円形のセンタービルの中心に獲得した巨大な吹抜けによる外部空間で、ここに異なるレベル間を立体的に連絡する、チューブ状の透明エスカレータによる空中歩道がダイナミックに交錯している（図18）。また、サテライトとの連結空間には、サーリネンのチューブにも共通する幻想的な地下連絡空間がある。

しかし、この空港ターミナルの計画コンセプトは、結果的に円形プランがゆえに拡張ができない欠点を克服することができず、ターミナル2では新たな計画コンセプトが立案されることとなった（図19）。

一方で、このサテライト形式を拡大できるように考えて、大規模にリニア状に対応した例がその後、別な空港ターミナルで展開された。ヘルムート・ヤーンの設計によるシカゴのオフェア国際空港ターミナルである。特に、地下の連絡空間は、おびただしい色彩に溢れたネオンサインによる何ともアメリカ的なデザインが特徴的である（図20、21）。

このようなセンター方式の経験をふまえてアンドルーは、第二段となるターミナル2（一九九二年）では、モデュール方式による四つのユニットからなるターミナルビルを、有機的なつながりを考慮して、何段階かに分けた計画として位置づけた。この結果、計画的整合性は図られたもののターミナル1のような空間的インパクトの少ない形態となってしまった。このような試行錯誤を繰り返しながら、最近完成したターミナル2のF棟では、より高密度な駐機を図るべく、突出した乗客ゾーンを中央部の「陸」からの「洲」に見立て、ガラス屋根によるワンルーフの大空

**図 18　シャルル・ド・ゴール空港ターミナル 1 の中央吹抜け空間を走るエスカレータによる空中歩道**

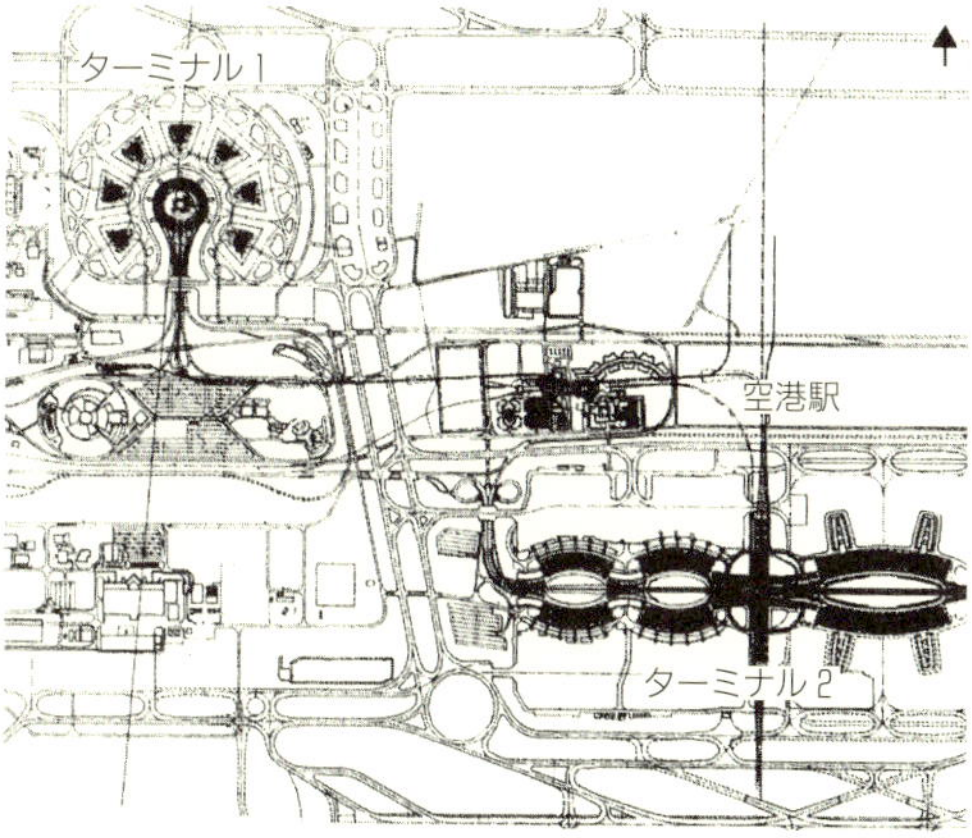


**図 16　シャルル・ド・ゴール空港全体配置図**（設計：ポール・アンドルー）

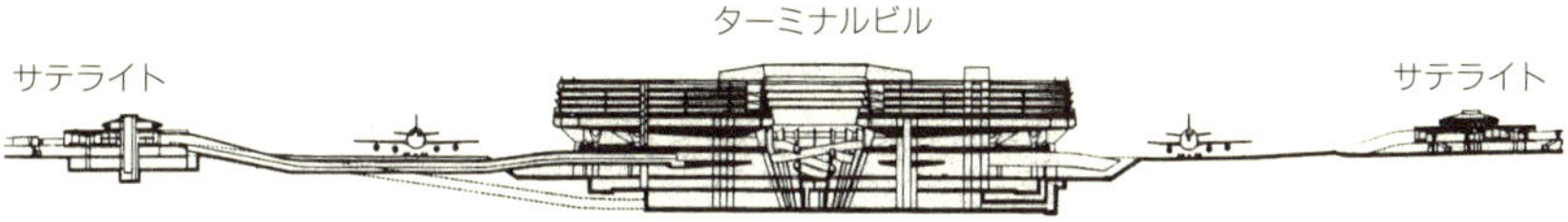


**図 17　シャルル・ド・ゴール空港ターミナル 1 断面図**／中央ターミナルビルを挟んで左右のサテライトと地下で結ばれる

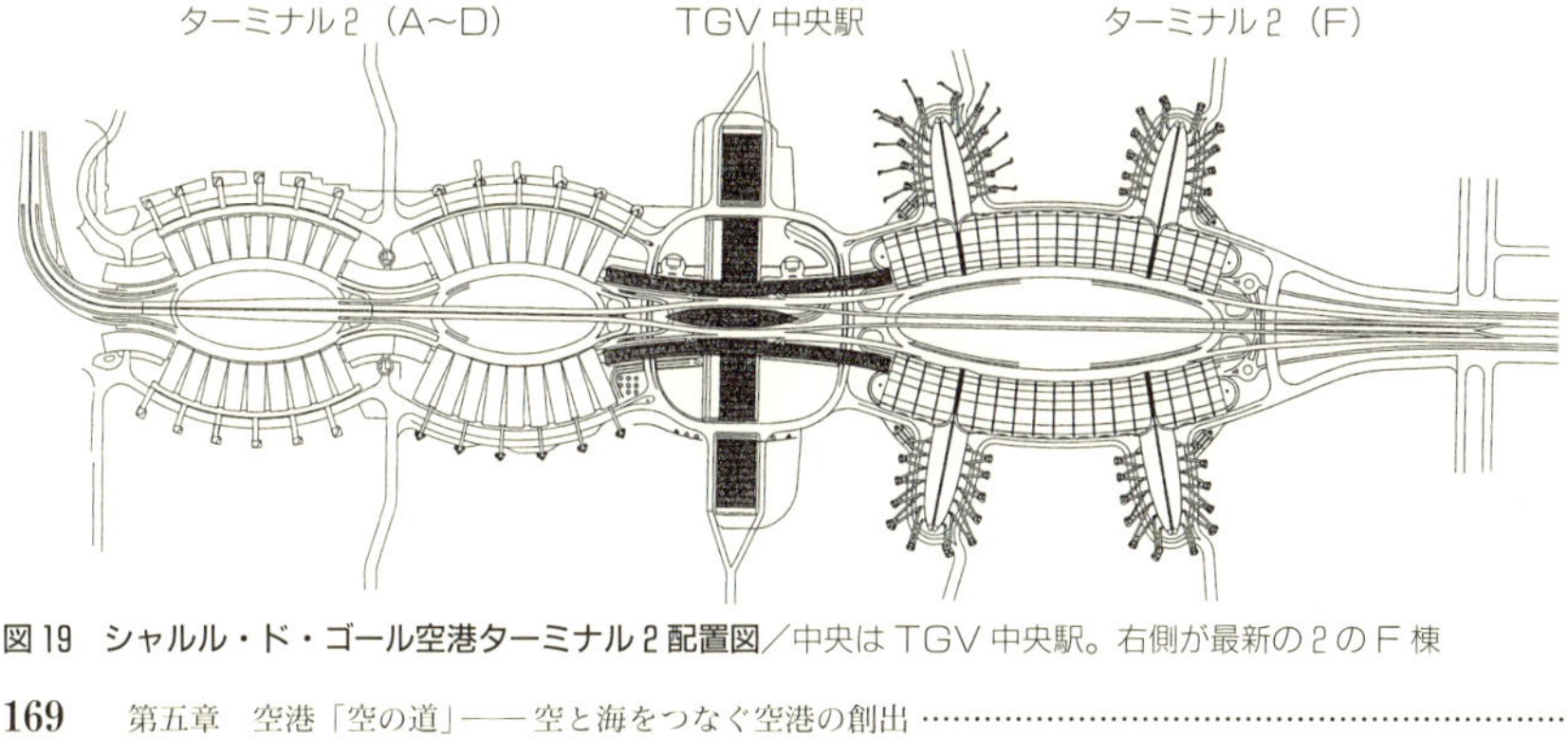


**図 19　シャルル・ド・ゴール空港ターミナル 2 配置図**／中央は TGV 中央駅。右側が最新の 2 の F 棟

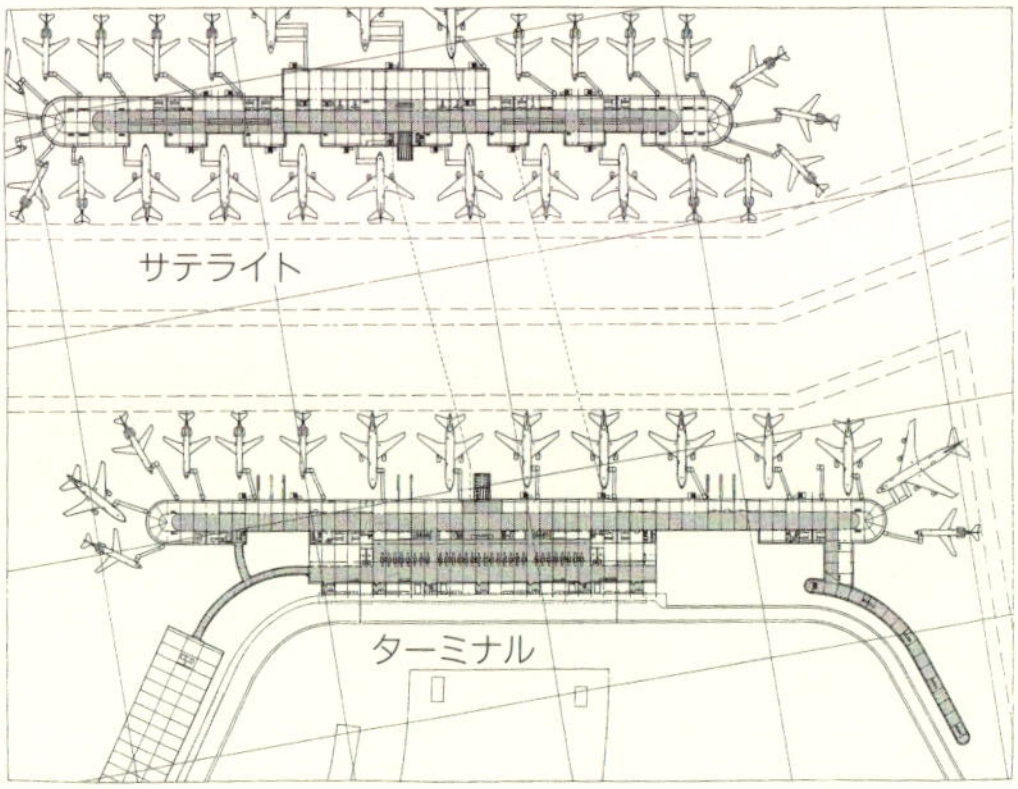

**図20　オフェア空港配置図**（設計：ヘルムート・ヤーン）／下はターミナル、上はサテライト

間によって構成し、計画的にもデザイン的にもより創造的な空間をめざしていると思われる。

今後も、試行錯誤のなかで、このシャルル・ド・ゴール空港ターミナルのさらなる進化が続けられるものと考える。

そして、空港ターミナルにおける計画的な進化の過程を体験したポール・アンドルーに、関西国際空港の計画コンセプトに関して意見が求められた。自らの代替案を作成してこれを提出して、それがそのまま最終コンセプトとなったことは容易にうなずける。

その計画コンセプトは、国内線と国際線のターミナルを上下に重ねた断面計画としてリニアな駐機形態の提案が中心となっている。コンペでは、このコンセプトに違反した挑戦的な案もあったが、結果的にはおおむね原案に近いレンゾ・ピアノ案が採用された。

国際線と国内線とが同じウイングにある空間的不明快さは、でき上がった今でもしっくりこないが、このコンセプトを上まわるピアノのデザインによって救われた思いがある（図22〜25）。

一九九七年、韓国ソウルにおいて韓日運河シンポジウムが開催され、講演者として参加した。これは、韓国の民資誘致促進第一号のプロジェクトである「京仁運河建設計画」との関連であった。この計画は、首都圏における物流の効率化と、洪水被害の解消を目的としており、ソウルを貫流する漢江と仁川の西海を一九キロメートルの運河で結ぶ計画である。そして、この韓国にお

**図21　オフェア空港ターミナル**／ターミナルビルとサテライトを結ぶ地下連絡路のネオンサイン

図 22　関西国際空港外観（設計：レンゾ・ピアノ）

図 23　関西国際空港国際線ロビー

図 24　関西国際空港国際線ロビーの大屋根

図 25　関西国際空港国内線ロビー

ける「水の道」構想でもっとも驚いたのが、この京仁運河がその河口部に位置する二〇〇二年完成予定の新ソウル首都圏国際空港に直結することであった。この空港は、四〇〇〇メートル級の滑走路を四本有するアジア最大のハブ空港で、首都ソウルとは鉄道新線、高速道路で連絡し、さらにこの「水の道」を加えて首都における総合交通システム構築のなかに考えられているのであった。

この韓国における「空の道」と「水の道」とのつながりは、わが国の、特に首都圏における国際的な空港のあり方を改めて考え直すきっかけとなった。

**羽田空港を核とした首都圏マルチモーダル・ネットワーク構想**

わが国の首都圏における国際空港・成田は、国際的なハブ化に対して、将来像を描けない厳しい状況にある。一方、羽田空港は一九九七年の新滑走路の建設で、二四時間の使用や国際競争力への高まりが期待されており、さまざまな試みが提案されはじめている。そうしたなかで二〇〇〇年、羽田空港を早朝・夜間に限ってチャーター便やビジネス自家用機の発着を認める方針が決められた。

そこで、羽田空港における沖合い展開をさらに進め、三本めの縦滑走路を建設して成田とともに国際空港として位置づけることを考えた。さらに、羽田を新たな「水の道」によって首都圏における交通ネットワークの核として位置づけようと考えた。この「水の道」によって、羽田から東京都心はもとより、北は埼玉県、東は千葉県、西は神奈川県の主要都市とのつながりが可能となる。さらに、直結するこれらの主要都市においては、既存の交通結節、特に鉄道などとのスムーズな結節を図る具体的な提案を試みた（図26）。

海の都ヴェネチアへは、陸路である「鉄の道」でサンタ・ルチア駅にアクセスし、駅前から「水の道」に乗り換えてサンマルコ広場へ至る方法のほかに、本土の埋め立て地にあるヴェネチ

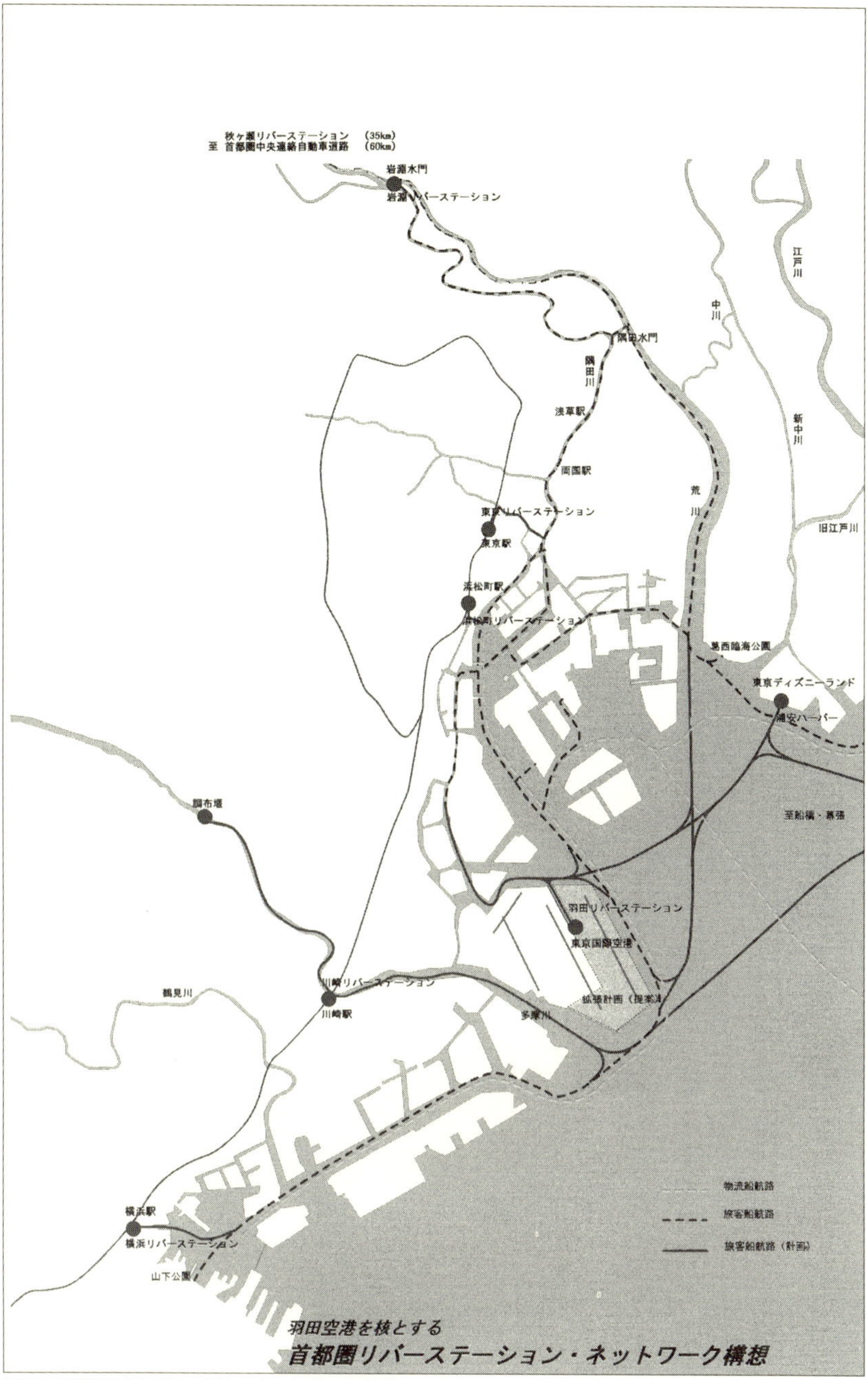


図 26 首都圏マルチモーダル・ネットワーク構想

ア、マルコ・ポーロ空港から直接「水の道」を利用してサンマルコ広場にアプローチすることができる。都市の魅力の一つに、いろいろな交通手段が選択できる楽しさも重要なポイントである。

そこでまず、東京都心に関しては、何としても東京駅との直結を図りたい。現在、都心では隅田川から小さな船で神田川に入り、水道橋付近を経由して、日本橋川に至るルートが確保されている。そのため、羽田から隅田川を上り、日本橋川から日本橋までのコースは簡単にイメージできる。しかし、この日本橋をクリアできる船となると二〇〇人程度の規模で、長さ三〇メートル、幅六メートルが限界となる。これも現在、日本橋川のなかに林立する高速道路を支える多数のピアを整理することが前提である。

さらに、この日本橋川と東京駅とを結ぶ具体的なアクセスの確保が重要なポイントである。まず考えられるのが、先に述べた歴史的に運河であった東京駅八重洲口側の外堀通りの開削である。しかし、この開削予定部分に関してはすでに東京駅を中心に大規模な地下街が形成されており、さらにその下を高速道路が通っているため開削は無理である。

一方、東京駅周辺は、丸の内側のシンボル的建物となる丸ビルの建替えをはじめ、八重洲側を含めて再開発の動きが最近活発化している。このような状況のなか、日本橋川との関係で着目したのが東京駅北口で、現在、バスターミナルとしてのオープンスペースを有している場所である。このオープンスペースに面した永代通りを介して、真北に二〇〇メートル進んだところに常盤橋があり、その手前を右折すると日本橋川と結ばれる。この常盤橋は日本橋から呉服橋を経て三本めの橋である。また、東京駅北口の長距離バスターミナルのその隣接地も広大な空き地で、現在再開発の構想が進められている。それと同時に、同一ブロックとなる国際観光会館の建替え計画があるなど、新たな再開発の構想がそれぞればらばらに進められている状況である。

そうした意味で東京駅北口は、「水の道」のアクセスを核として駅創設時に成し遂げられなか

図27　東京駅のホームの大空間の提案

った多元的な交通結節点を形成し、総合的な再開発によって真のセントラル・ステーションを構築するための絶好の場所と考えている。

東京駅丸の内側は、先ほど紹介した丸ビルの建替えを契機に、東京都を中心として「東京の玄関口」を再生すべく周辺整備が進められている。その目玉事業の一つとして、赤レンガの駅舎が一九一四（大正三）年の創設当時の姿に復元されることが決まった。またしても駅をアーキテクチュアとしてのみとらえ、インフラストラクチュアとしての重要性を考えない創設期当時の過ちを繰り返すのではないかと危惧される。

そこで、この旧駅舎の復元計画とともに東京駅と羽田空港を直結する新たな交通システム導入を図りつつ、かつて範としたアムステルダムのセントラル・ステーションのように、多元的な交通結節点の再興をめざすことを考えた。具体的には、この「水の道」による羽田へのアクセスを考えたハーバーの併設とともに、地下にはバスターミナルから高速道路へと直接つながる遠距離バスの発着ステーション、さらに付属の高層ビルの屋上にはヘリポートを設置する提案である（図27、28）。

また、羽田空港を結ぶ「水の道」を東京駅以外に設けた場合、新橋駅に直結する汐留の新都市、さらにはモノレールの始発駅となる浜松町駅などが候補地として考えられる。前者の汐留は海側に浜離宮をひかえ、離宮の南側水路からのアクセスがのぞめる。一方、浜松町駅の南には古川が接していて、すでに「水の道」「鉄の道」「モノレールの道」の結節点が形成されていて、ここから一〇〇メートル先には「海の道」のハーバーとして竹芝桟橋がひかえている。

次に神奈川県について見ると、特に横浜・川崎と羽田との連結が求められる。横浜については既存のルートを利用して横浜駅、MM21、山下公園へと多くのアクセスがある。また、川崎駅は多摩川に隣接し、川崎駅周辺はむろんのこと駅上流の工場への舟運が現在も健在である。

埼玉県に関しては、荒川上流三五キロメートルに位置する秋ヶ瀬堰まで観光船が就航し、一部

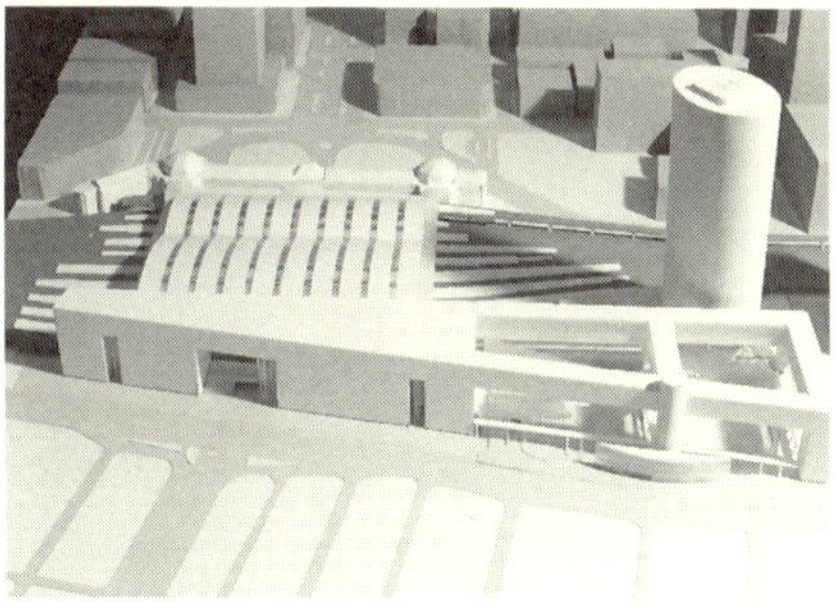

図28　東京駅セントラル・ステーション構想

舟運にも活用されている。この秋ヶ瀬は、大宮駅から約一〇キロメートルの位置となるが、既存の河川による埼玉新都心へのアクセスは難しい。そこで、荒川がこの秋ヶ瀬付近で交差するＪＲ武蔵野線の新駅を橋上駅として設定し、既存の観光船発着所を取り込んでリバーステーションとして位置づけ、埼玉新都心とのアクセスを考慮した「水の道」と「鉄の道」との連結を図ることを考えた。秋ヶ瀬堰にロックを新設して水位差をクリアし、現在工事が進んでいる首都圏中央連絡自動車道路と直結した舟運計画構想が、三浦裕二先生を中心に検討されはじめている。

千葉県へは、東京湾の沿岸都市すべてがアクセス可能となるが、横浜との定期便が就航している船橋・ららぽーとをはじめ、東京ディズニーランド、幕張新都心、千葉港といずれも技術的に何ら問題はない。むしろこれら沿岸都市やスポットが、海からのアクセスをこれまで軽視してきたことが不思議なくらいである。

最後に、羽田空港における「水の道」「海の道」の終結点となる船のハーバーと空港ターミナルの位置について考えてみる。

既存の二本めの縦滑走路敷地との境界に「水の道」としての運河を残して、三本めの縦滑走路が設置できるように沖合いを埋め立てる。そして、この運河の終着点に空港ターミナルを設け、運河からこの空港ターミナルのエントランスに直接アクセスできるように計画する。空間のイメージとしては、現在の羽田空港ビックバードの巨大アトリウムに直接船がアクセスできるような構成である。しかし、ここで三本めの縦滑走路における空域条件の問題が残る。具体的には、東京港を行き来する船舶の航路、第一航路の変更が伴うことになるが、技術的には可能であると考えている。

以上、わが国の首都圏における国際空港の現実的な対応を羽田空港の再構築のなかに位置づけ、この空港とセントラル・ステーションとしての東京駅とのつながりを考えて提案したが、これは世界のハブ空港戦略に大きく遅れをとったわが国のせめてもの選択と考えている。

# 終章

# 土木デザイン教育の方法と成果

私が所属する交通土木工学科は、一九九二年より新しいカリキュラムと新しい教員構成によって、本格的なデザイン・景観教育の実験がスタートした。三浦裕二先生の指導のもと、この年海洋建築工学科からは私が、東京工業大学からは景観の天野光一氏（現・東京大学助教授）、その後土木史の伊東孝氏がこの科に移籍した。

カリキュラムはまず既存の科目のなかで新たな試みを行い、次年度から「景観設計」が本格的に設置された。関連座学としては、「都市デザイン」「景観論」ならびに「デザイン論」（特別講義）がスタートした。これまで土木と建築の教育的な違いとして、土木における「歴史」と「デザイン」教育の欠落が指摘されてきた。すでに土木史教育については一般化しつつあったが、デザインについてはこれからという状況であった。

そこで、デザインの実技教育のプロセスを段階的に、①表現方法の習得（製図・コピー）、②形づくり（デザイン）そして、③総合化と設定した（表1）。

まず「製図法」のなかに組み入れた第一段階は、絵の描けない土木系学生に象徴されるコンプレックスを払拭させるべく、一年生のデザイン製図において表現方法の習得を合理的に図り、学生が興味を抱くような構造物を対象に、新たな教材の開発と教育方法についての試行錯誤を繰り返した。デザインの教材となるものは、ほとんどが建築を対象としており、土木系学生を対象とするものがないのが現状である。

具体的な課題は、文字・線の練習からはじまり、各種透視図や平面情報を立体的に表現できるアイソメトリック図法を応用した動線図などで、最終的な成果は夏休みの課題で求めることにした（図1〜3）。

この夏休み課題の内容は、橋のプレゼンテーションパネルの作成で、橋の平面図・立面図・断面図などの図面、透視図（二点透視図、着色）、さらに模型写真を一枚のボードにレイアウトして、模型ともども提出する（図4〜10）。これまでは隅田川の橋を課題としてきたが、その後サ

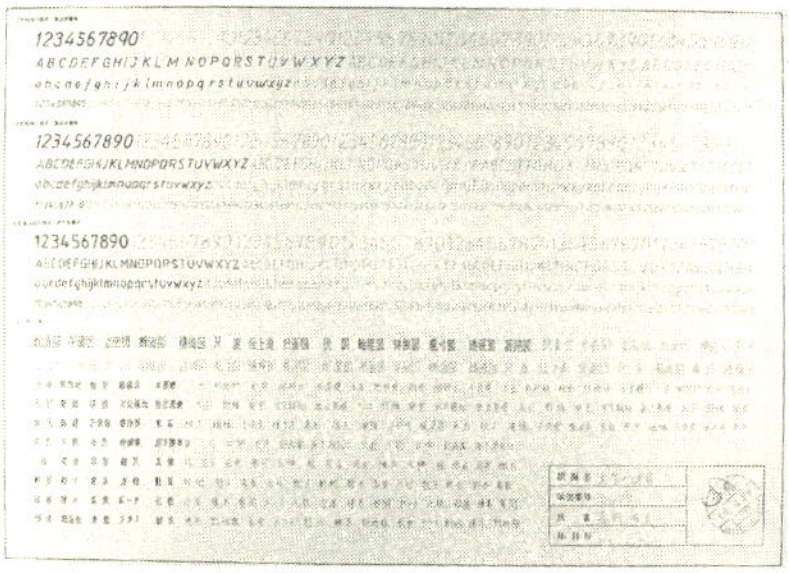

図1　課題①「文字の練習」の作品

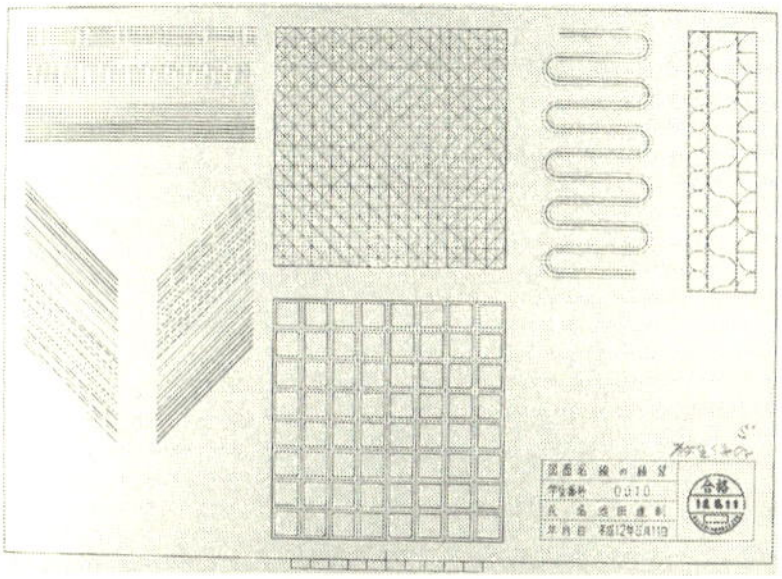

図2　課題②「線の練習」の作品

表1　交通土木工学科（2000年度）デザイン製図授業スケジュール

第1週　デザイン教育の成果と方法
　　課題①「文字の練習」

第2週　製図の方法
　　課題②「線の練習」

第3週　透視図法について
　　課題③「アイソメ・アクソメの練習」
　　課題④「橋のアクソメ」

第4週　1点透視図法について
　　課題⑤「透視図の練習」
　　課題⑥「アーチ橋の1点透視図」

第5週　2点透視図法について
　　課題⑦「キャンパス内のスケッチ」

第6週　点景の種類と方法
　　課題⑧「点景の練習と着色」

第7週　透視図の着色について
　　課題⑨「キャンパス内のスケッチの着色」

第8週　プレゼンテーション図面のテクニックとパソコンによるプレゼンテーション
　　課題⑩「橋と公園の2点透視図・着色プレゼンテーション」
第9週　模型作成の方法と材料・道具
　　模型写真の撮り方
夏期休暇課題：
　　課題⑪「プレゼンテーションパネルと模型の作成」
i．ペイリーパーク（設計：ロバート・ザイオン）
ii．ケルハイムの歩道橋（設計：ヨーク・シュライヒ）
iii．リアルト橋（設計：アントニオ・ダ・ポンテ）のうち1点。

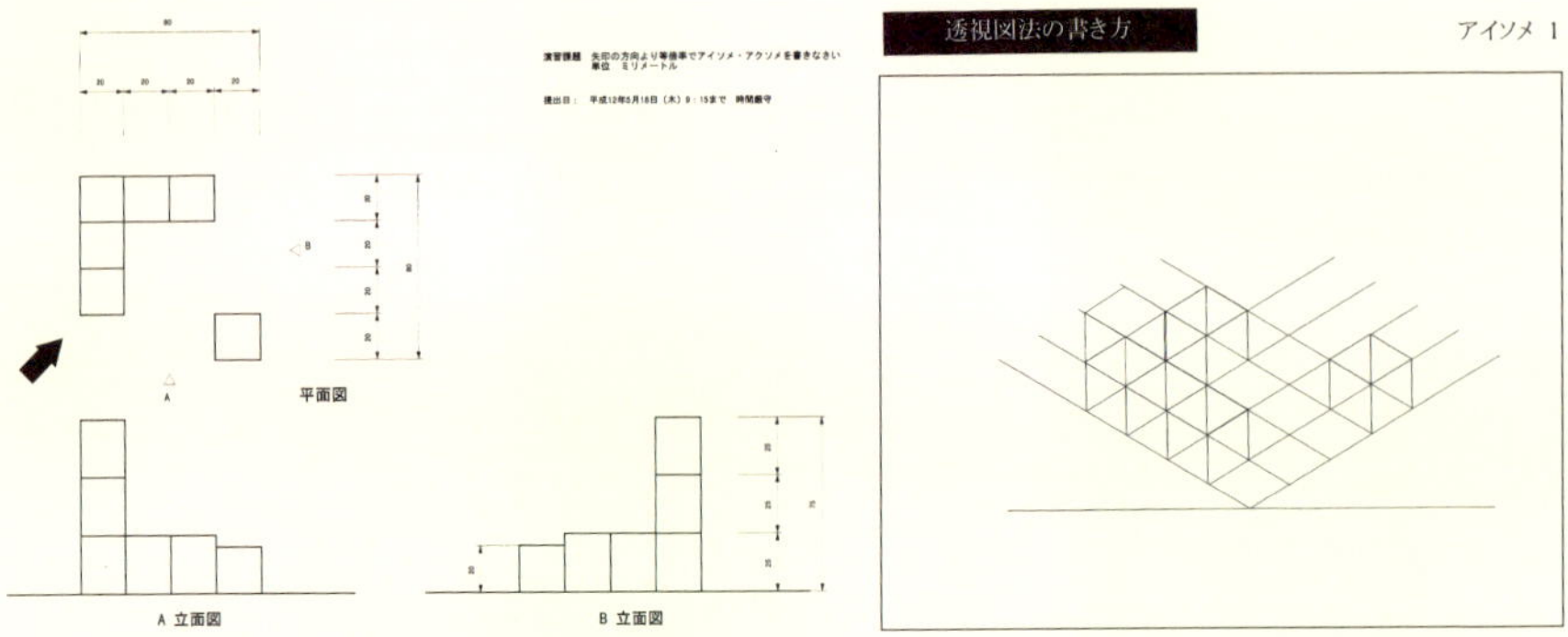


図 3　課題③「アイソメ・アクソメの練習」の教材

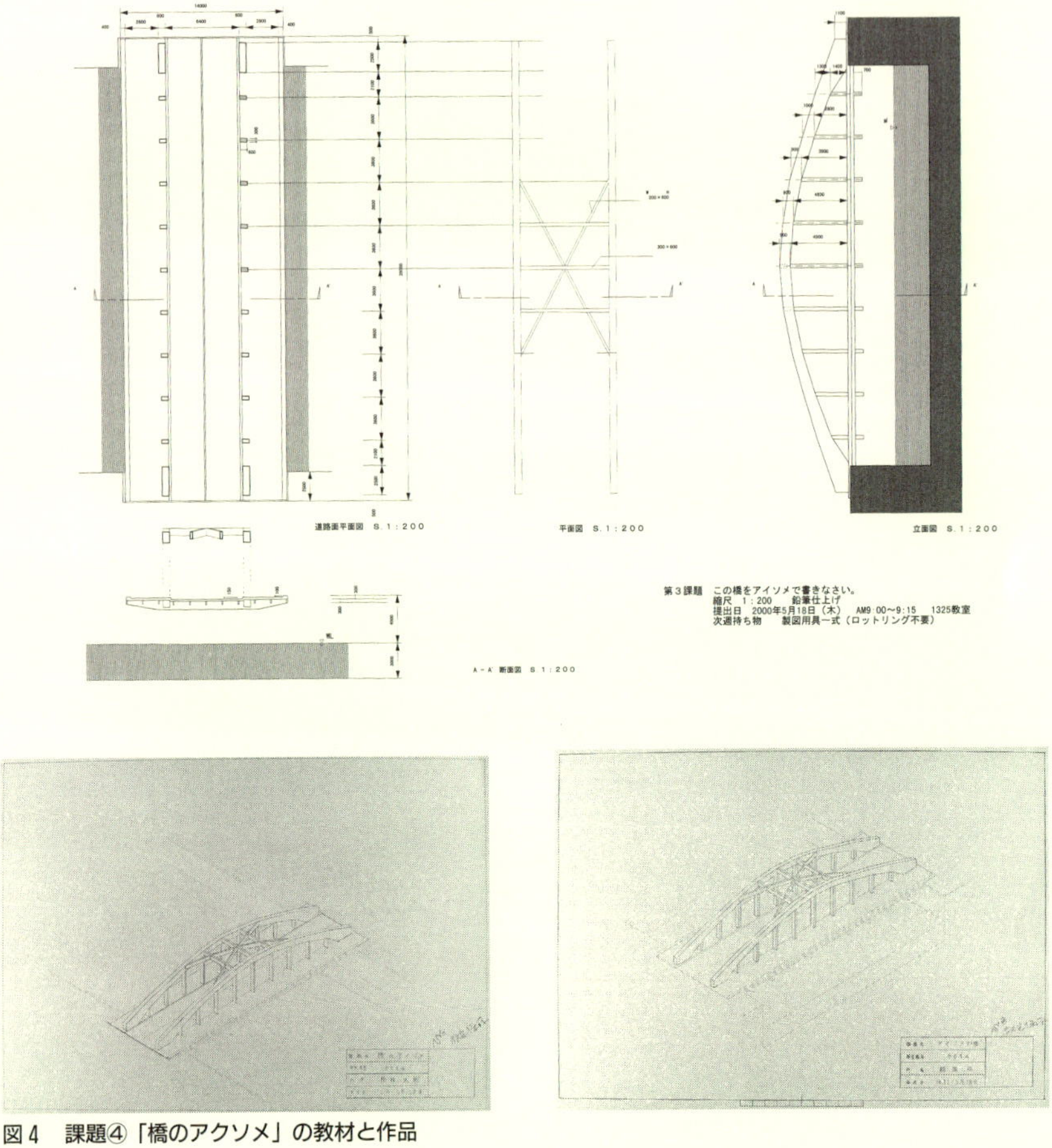


図 4　課題④「橋のアクソメ」の教材と作品

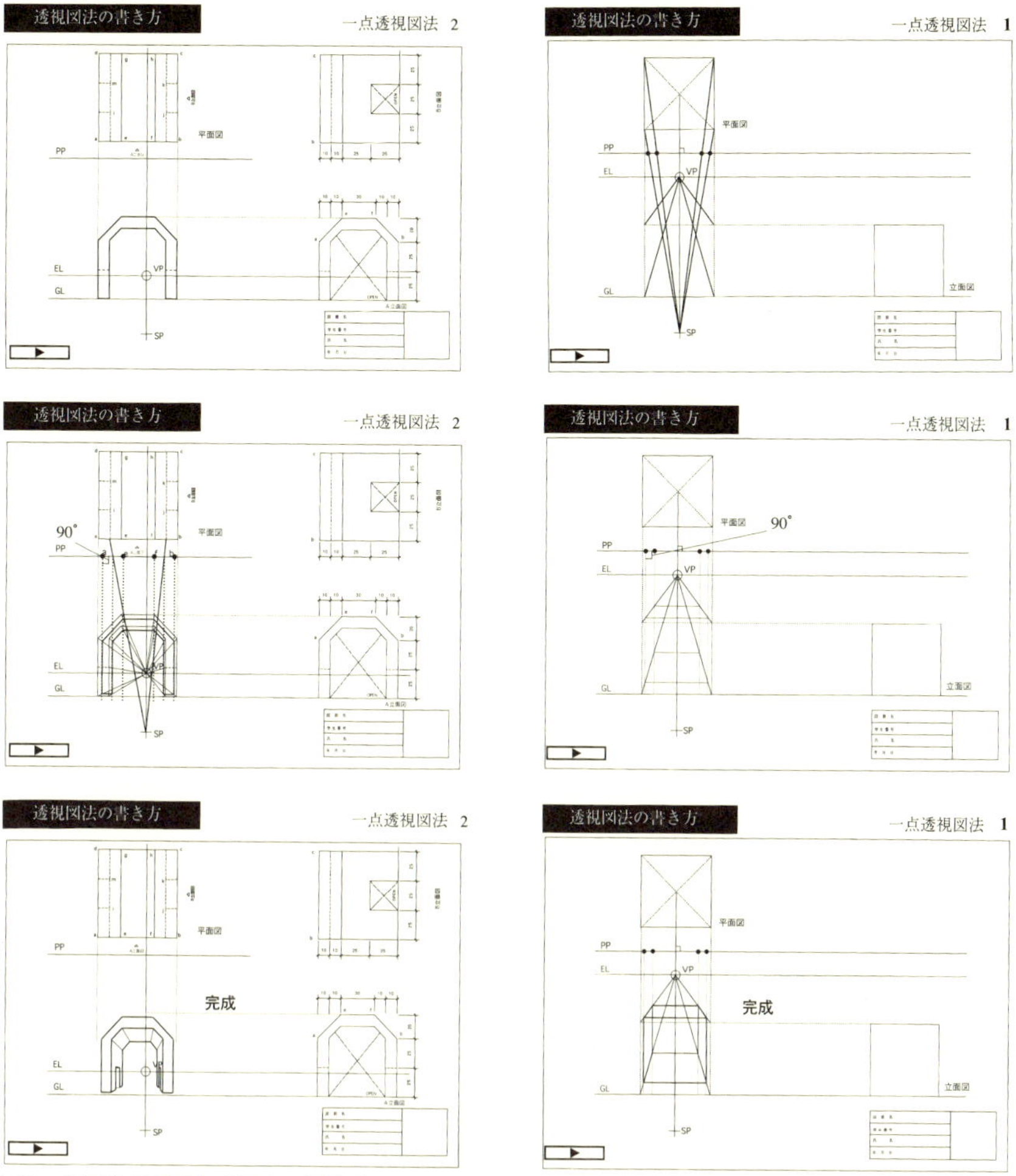


図５　課題⑤「透視図の練習」の教材（１は立方体を、２ではトンネルをイメージしている）

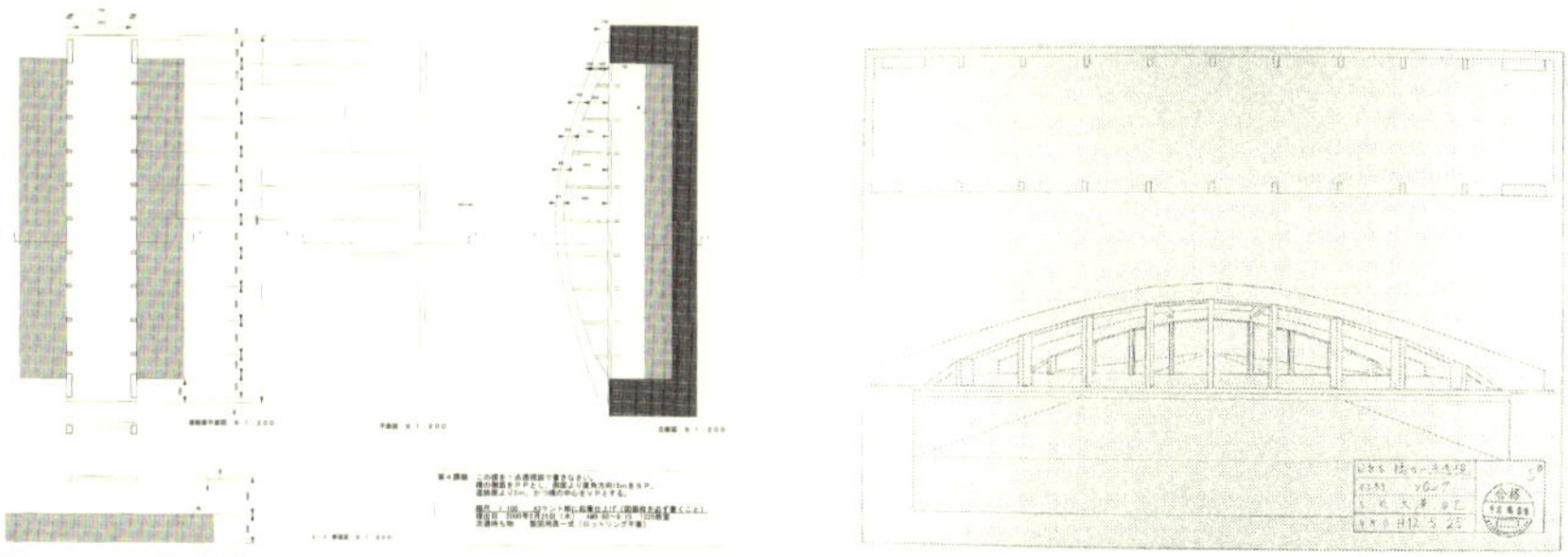

図６　課題⑥「橋の１点透視図」の教材と作品

図7　課題⑦「キャンパス内のスケッチ」の作品

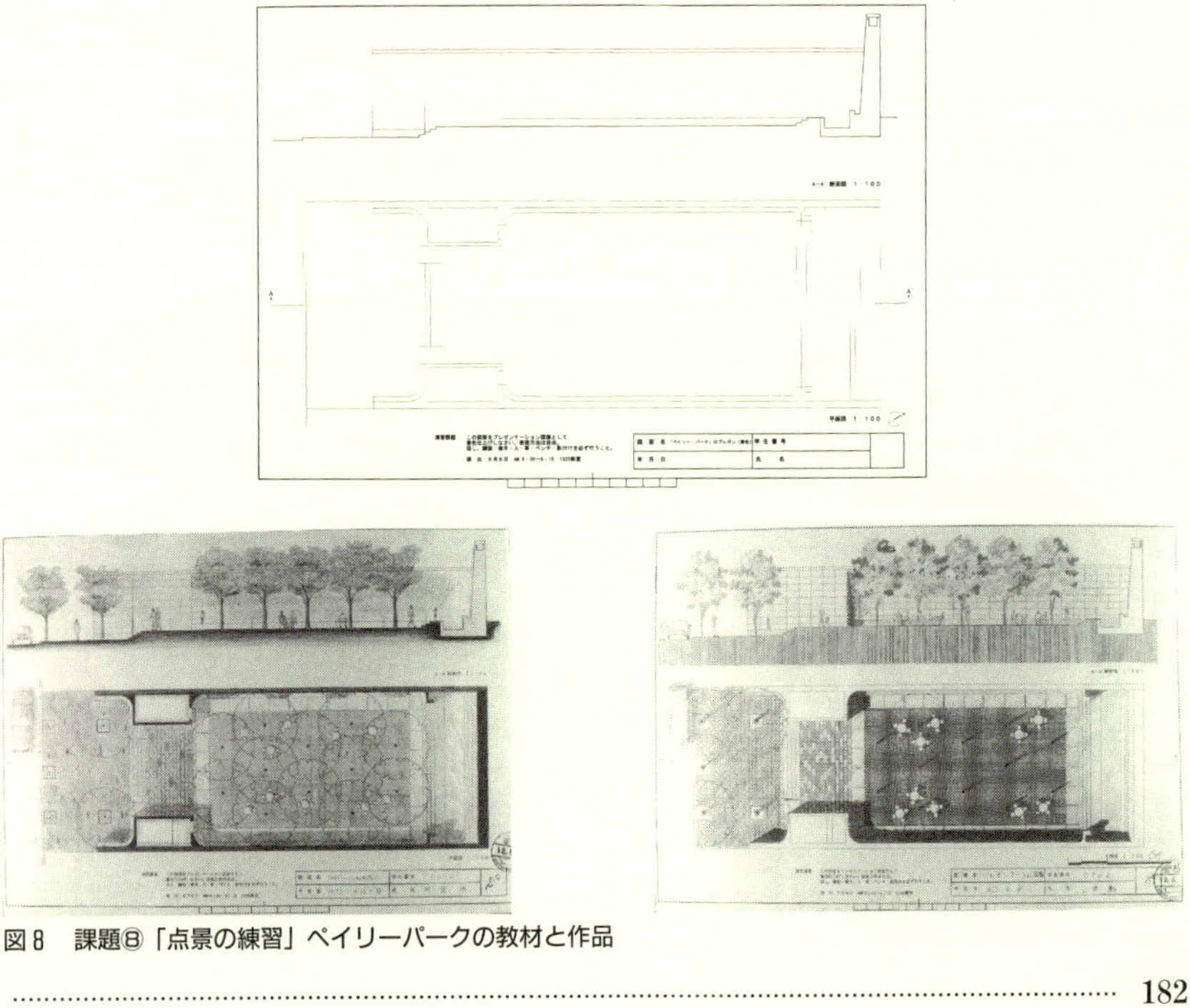

図8　課題⑧「点景の練習」ペイリーパークの教材と作品

図 9　課題⑨「キャンパス内のスケッチ着色」の作品

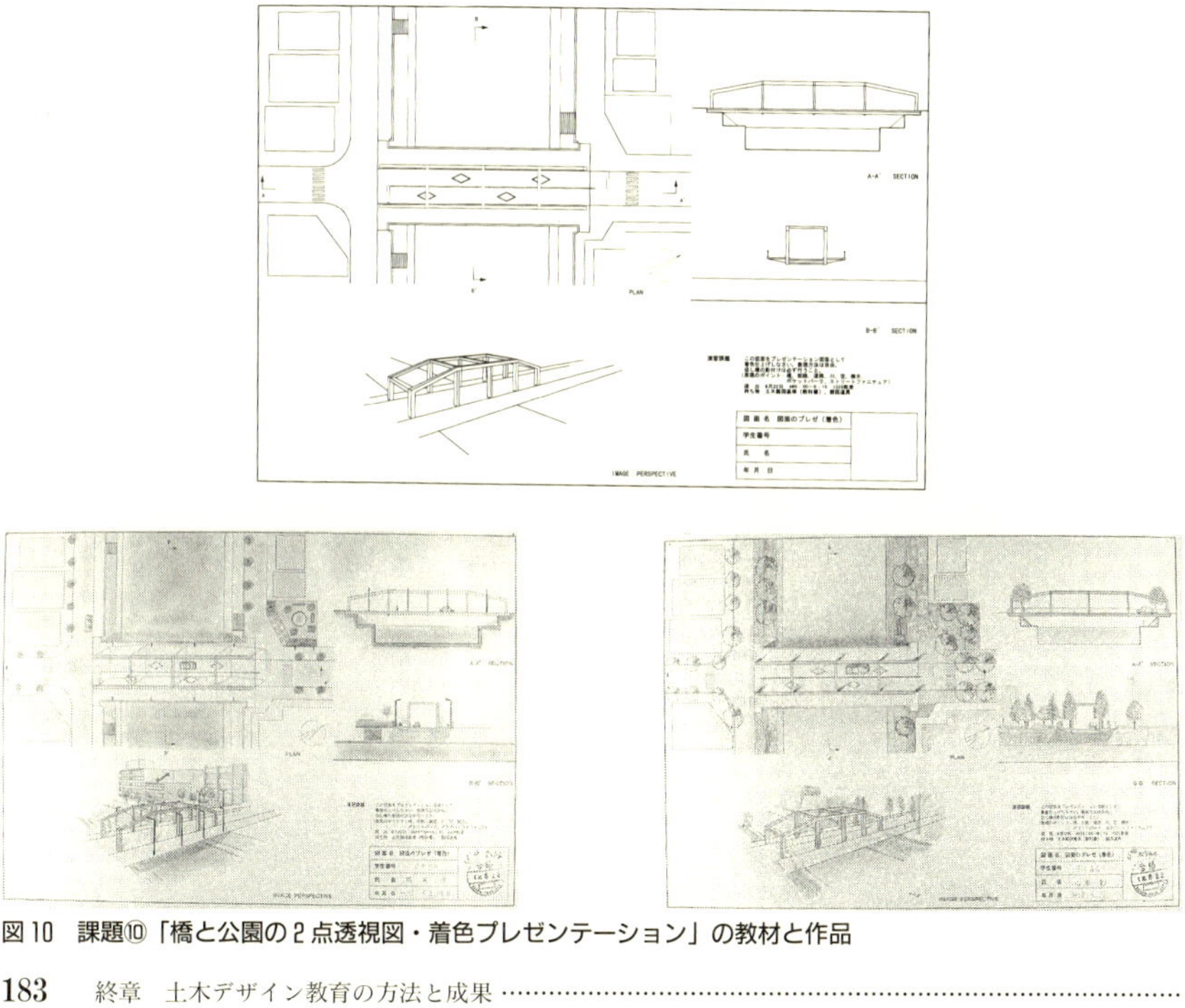


図 10　課題⑩「橋と公園の 2 点透視図・着色プレゼンテーション」の教材と作品

ンチャゴ・カラトラバ設計による現代的な橋を課題とした。さらに本年からはヨーク・シュライヒのケルハイムの歩道橋のほか、古典となるヴェネツィアのリビング・ブリッジであるリアルト橋、そしてロバート・ザイオン設計のポケットパーク、ペイリーパークのうち一つを選択する課題とし、橋一辺倒の発想を改めた（図11、12）。

絵の描けない学生に感性だけではなく、科学的にそれでいて簡単な方法によって描けるものとして、まず実長で描くことのできる透視図法アクソノメトリック・アイソメトリック図法はきわめて有効である。また一方で、一点透視図、二点透視図を教える目的は、日常の都市・生活空間を立体的に描くにあたって、この二つの方法でほとんどの表現に対応できることを認識させることである。実際には正確な作図法もさることながら、キャンパスのあらゆる風景をこの二つの透視図法を応用してスケッチによって描けることを実体験させる。結果的には感性ではなく、簡単な科学的手法によって空間を表現できることを学ばせることができた。

また、プレゼンテーションパネルは成果物を一般の人々に理解してもらえるレベル、平たくいえばお金になる図面を効果的に表現する手法として学ばせている。

このあいだわずか九週間、延べ一八時間のプログラムである。

第二段階としてのデザインは二年生の「交通土木実験」で、グループ設計によって歩道橋や交通広場の設計を必須科目のなかで求めている。次いで、三年生には、選択科目「景観設計」のなかで、街路、公園、駅前広場などの総合課題の三つを課題とし、内容の難易度によって個人、グループによってまとめさせる。第三章で取り上げたリビング・ブリッジは、三年生におけるグループ設計の課題の成果であった。指導は、複数の教員によるチームティーチング方式を採用している。

第三段階は総合化のステップである。

土木のデザイン教育でもっとも重要な視点が、この「総合化」といえる。研究・教育における

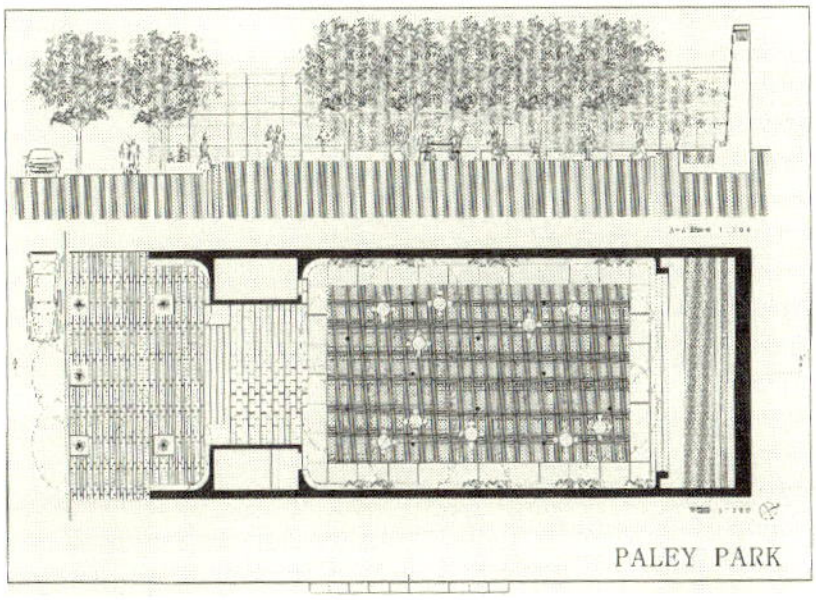


ペイリーパーク

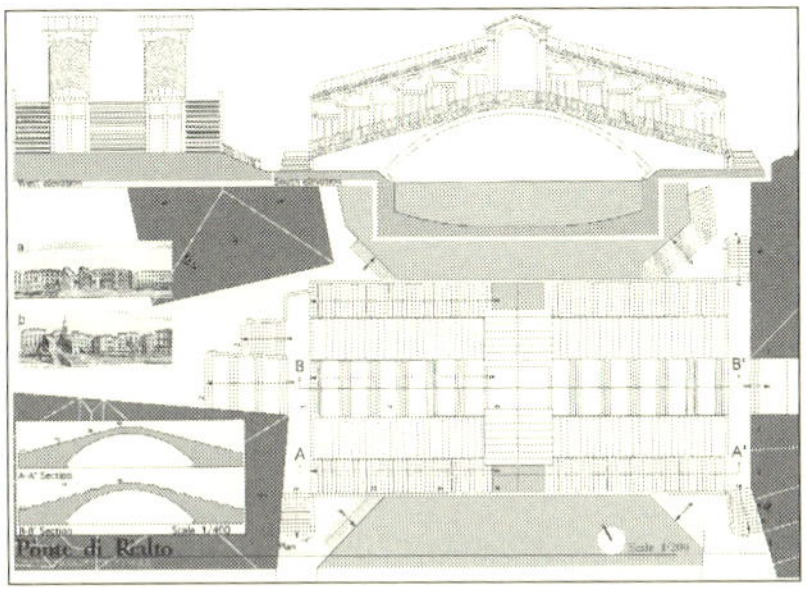


リアルト橋

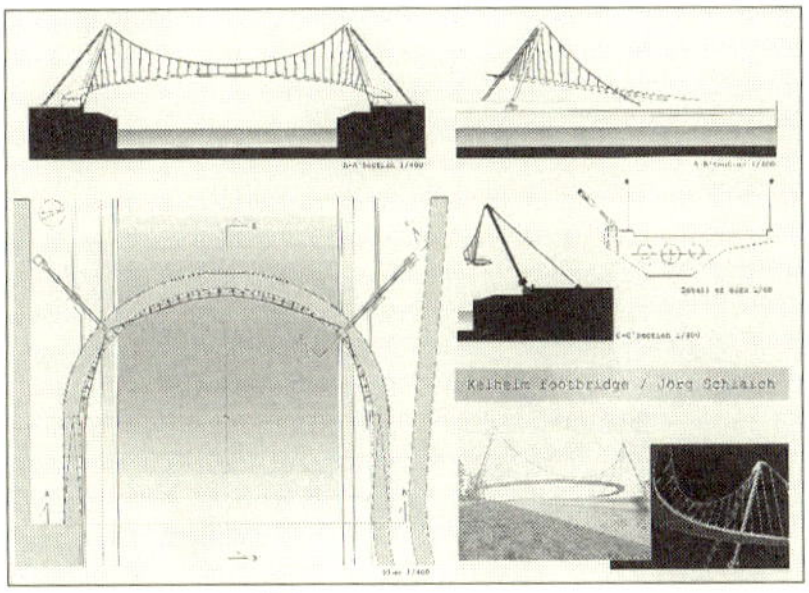


ケルハイムの歩道橋

図11　課題⑪「プレゼンテーションパネルと模型の作成」の教材

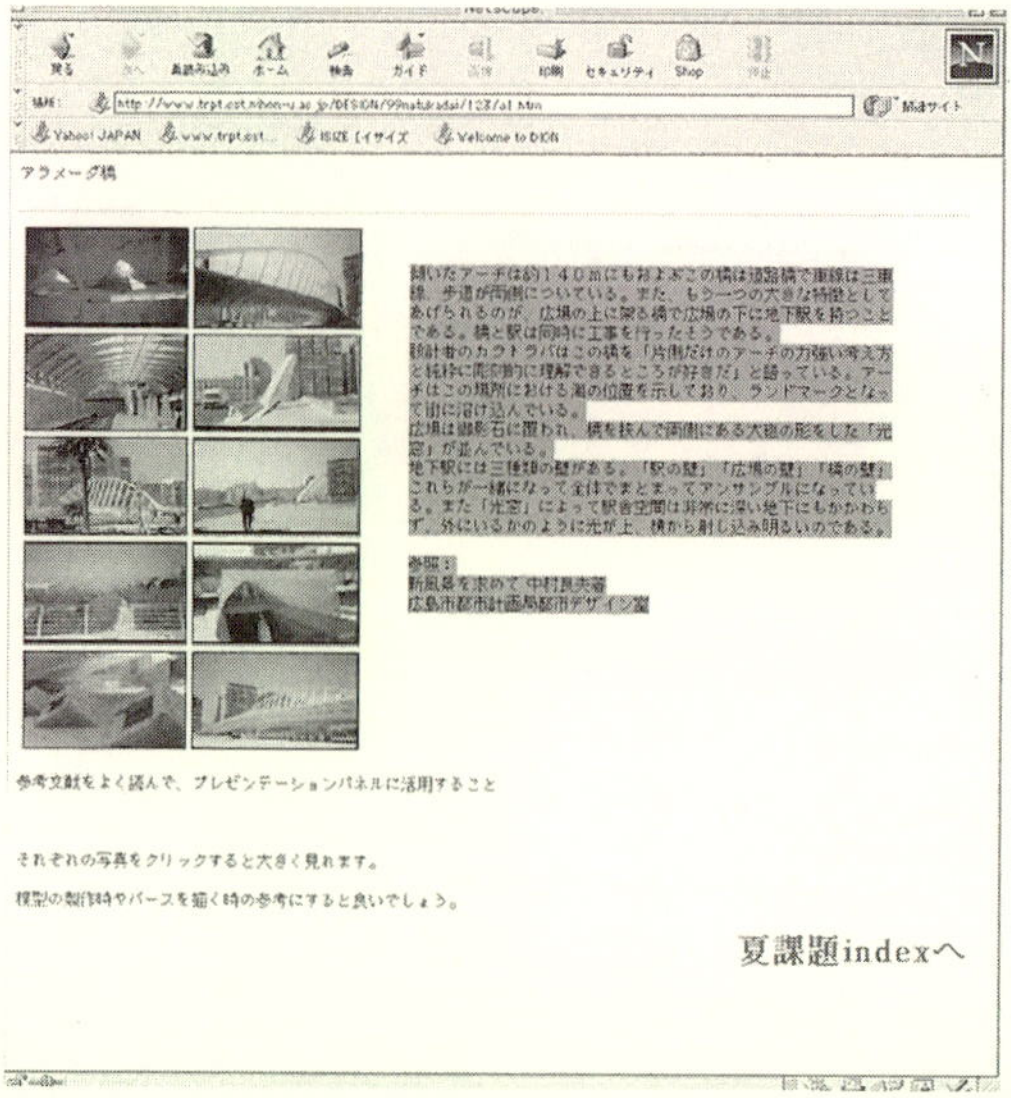

ホームページによる課題資料の公開

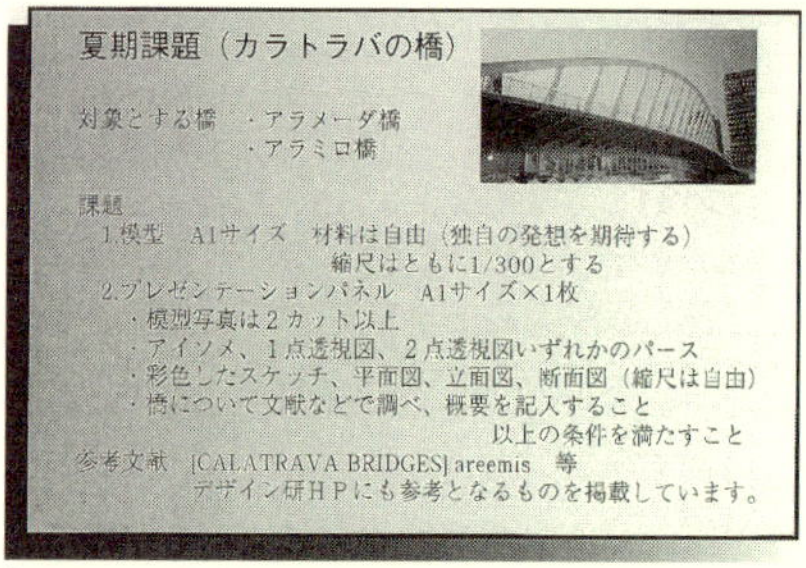

「カラトラバの橋」の課題内容

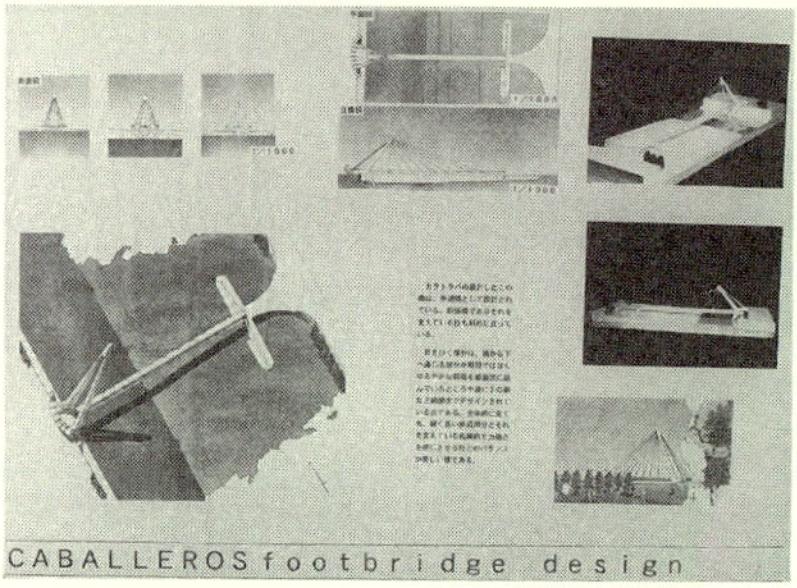

水彩画による「カラトラバの橋」のプレゼンテーションパネル作品

「カラトラバの橋」の模型作品

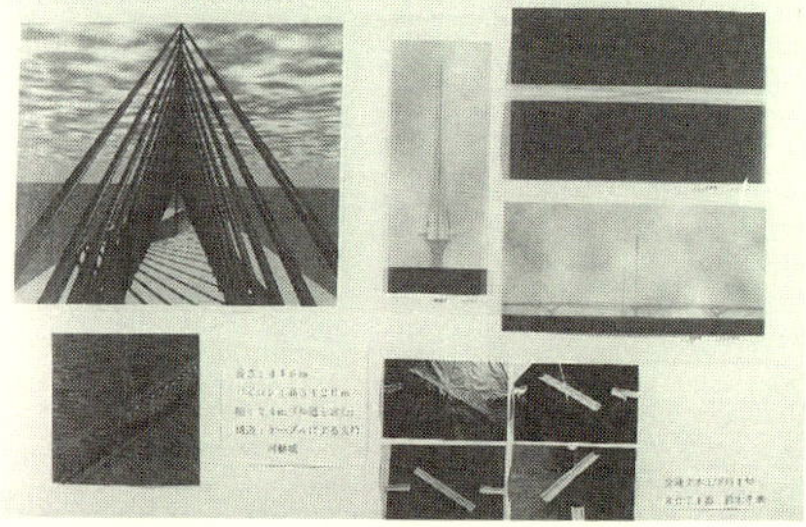
CG による「カラトラバの橋」のプレゼンテーションパネル作品

**図 12　1999 年度夏期課題「カラトラバの橋」の教材と作品**

専門分化が進むなか、土木界における総合化を目に見えない「内なるデザイン」と位置づけ、その必要性が目に見えるかたちでの「外なるデザイン」とともに求めている。

本学科では、故川口昌宏氏が開設した「構造デザイン」の講義が私の移籍以前から行われていて、総合化への試みがすでに進められてきた。この授業は、学生たちがデザインした橋や人工地盤の構造物を簡便に構造計算し、デザインにフィードバックさせるものである。

総合化は、当然「構造」と「デザイン」にとどまらず、より広い総合化が求められることになるが、教える側にどこまで総合化の意識と行動力があるかが最大の課題である。

田辺朔郎にならい、私の研究室はゼミナールの学生全員が「卒業設計」を、一人一テーマで提出する。建築系ではすべてテーマは自由であったが、本学科ではほとんどの場合、方向性を与え、むしろ研究室としての総合力を結実させるように心がけてきた。これは土木系におけるフィールドの広さに対して、指導する教師としての能力の限界を感じているからにほかならない。

そして、同様に「修士設計」が大学院生に求められる。第一章「淀川・水の回廊構想」や第二章「沖縄アジア交易センター」は修士設計の成果で、第四章「小笠原空港計画」は卒業設計の成果である。

本学科のルールに従い、設計といえども図面・模型とともに本論文を提出する。設計をまとめると同時に、卒業論文が他の学生と同様に求められるため、設計をまとめているとはいえ、その厳しい条件はまったく変わらない。その点では建築系の修士設計に近いといえる（図13〜15）。

研究室で初めての修士設計となった「那覇アジア交易センター」では、図面をＣＡＤで、また透視図はすべて３Ｄでまとめた。その後、修士設計も卒業設計もコンピュータ化が進んでいる。コンピュータ導入のきっかけは、研究室でまとめた数々のコンペが引き金で、その合理性を何の抵抗もなく学生たちは自らの作品に取り入れはじめた。その後、コンピュータの達人らが研究室に大勢集まってきた。

## 講義内容とスケジュール

・プレゼンテーション・模型作成技法を習得するとともに、景観・デザインの基礎的知識と手法を身につける。
・1学年（140人）を10人程度のグループに分け、協同設計を行う。

第一週　出題と敷地見学
第二週　コンセプト・全体計画提出
第三週　詳細図面・部分模型提出
第四週　最終提出・講評

## 課題（平成11年度）

「キャンパス軸のデザイン　ー人道橋と交通広場の計画ー」
（船橋日大キャンパス）

第一回提出物
コンセプト・模型：コンセプトはダイヤグラム（概念図）で提出すること。図面はA1サイズ1枚にまとめる。

最終提出物
図面A1サイズ1枚に全体平面図、断面図、イメージスケッチ図などをレイアウトして提出すること。
模型は作成範囲で提出すること。人道橋についてはS=1/100の模型を別途構造模型として提出すること。

設計条件（1グループをさらに2つに分けてA・Bの設計範囲を分担する）

グループA
計画範囲Aに街路と人道橋をデザインする。街路は駅から薬学部へのアクセス道路の構造等を参考にして、途中にポケットパーク、メディアステーションなども提案する。また計画範囲内の試験路の機能はそのままに人道橋を計画する。橋のクリアランスは3.8m以上確保し、橋の幅員、構造等は全て自由だが、身体障害者対応として考慮すること。また街路を含めた周辺の植栽、照明、ベンチ等のストリートファニチュアは必要に応じて配置すること。

グループB
計画範囲Bにキャンパスゲートと交通広場並びに駐車場・駐輪場の計画をする。駐車台数・駐輪台数は現況の台数が全て収容可能であることを条件とする。また交通広場はタクシープール・バスストップを配置すること。
大学の交通広場・交通エントランスとして守衛室を配置し、効率のよい出入庫管理を計画すること。
また必要に応じては周辺道路の変更も可能とする。

配付資料1

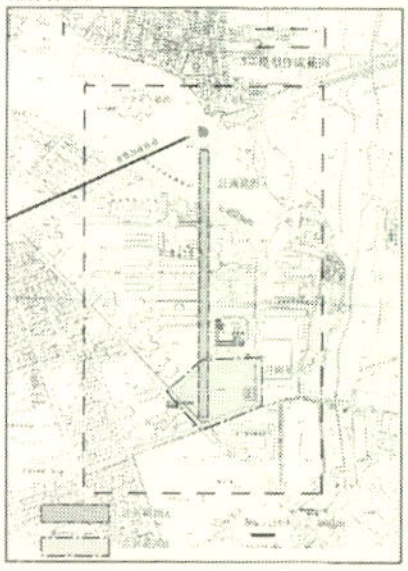

配付資料2

配付資料3

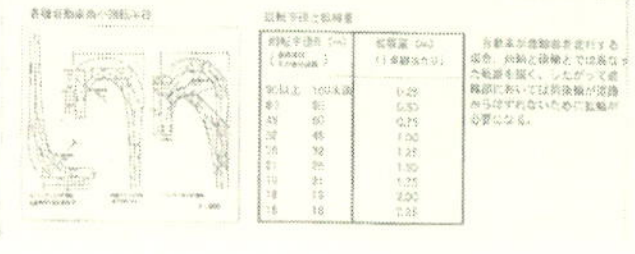

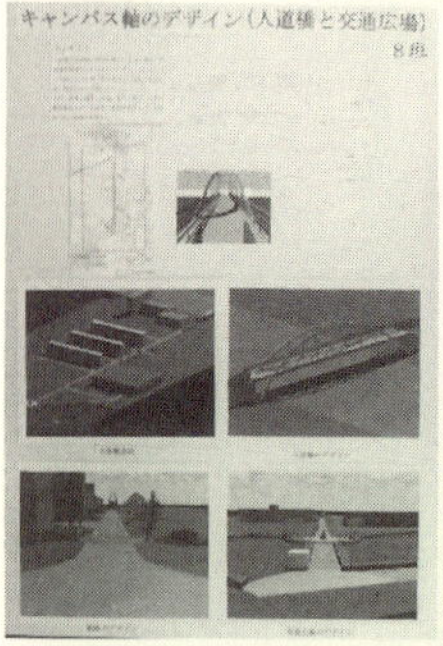

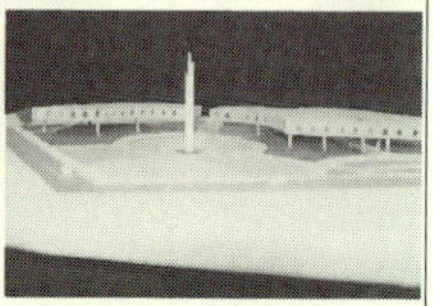

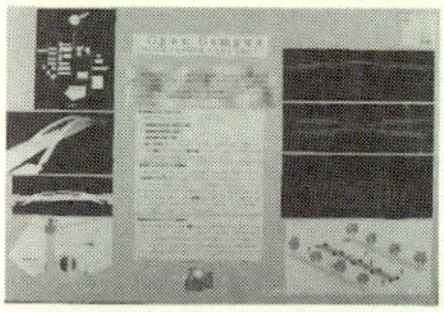

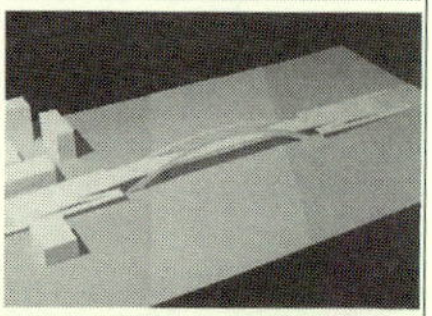

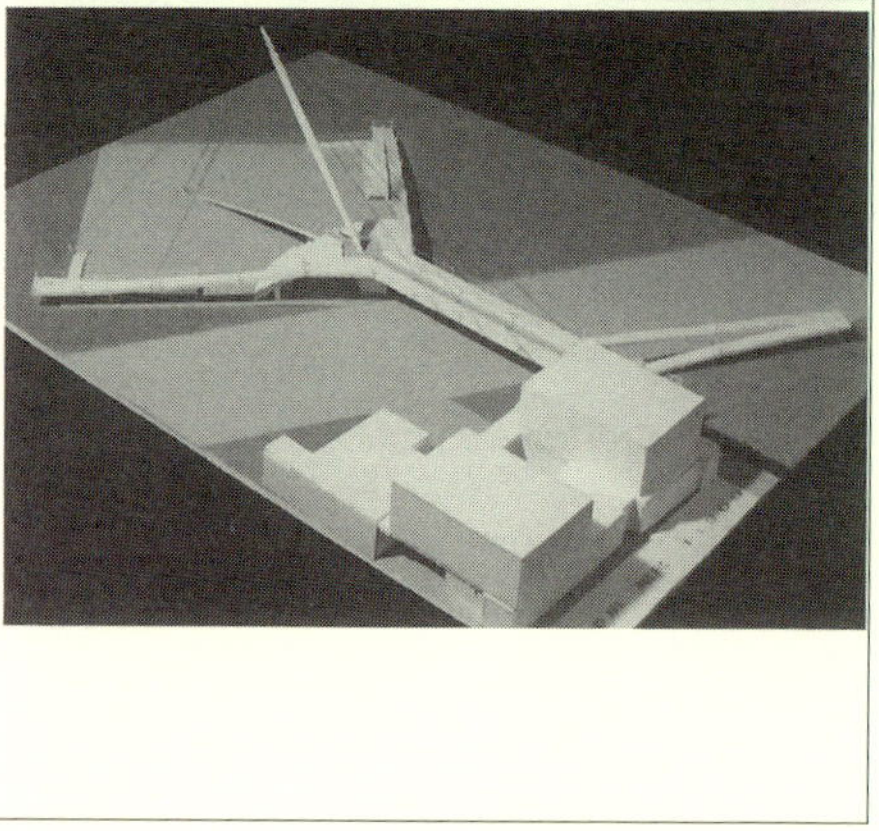

図13　交通土木工学実験

## 講義スケジュール（後期月曜3・4時限）

| | | |
|---|---|---|
| 第1週 | 第一課題 | 出題、現地調査・見学 |
| 第2週 | | コンセプト、イメージスケッチ提出 |
| 第3週 | | 全体計画図面、スタディ模型提出 |
| 第4週 | | 最終提出・講評　第二課題出題 |
| 第5週 | 第二課題 | 現地調査・見学 |
| 第6週 | | コンセプト・イメージスケッチ提出 |
| 第7週 | | 全体計画図面・スタディ模型提出 |
| 第8週 | | 最終提出・講評　第三課題出題 |
| 第9週 | 第三課題 | コンセプト・イメージスケッチ提出 |
| 第10週 | | 全体計画図面・スタディ模型提出 |
| 第11週 | | 最終提出・全体講評 |

## 講義内容と目的

・景観設計の基礎的手法の習得を目指して、都市・交通をキーワードに3課題の設計をチームティーチング方式で行う。
・第一、二課題は個人設計で、第三課題はグループ設計で行う。
・プレゼンテーション・模型作成技法を身につける。
・デザイン演習をとおして、景観デザインを体験するとともに、景観デザインの基礎的な概念を身に付ける。
・コンセプトワーキングの進め方を習得する。

## 課題（平成11年度）

### 第一課題
「キャンパスのエントランス広場と駐車場の計画
－日大船橋キャンパス－」

設計条件
・大学と隣接する2つの高校が利用する交通広場を計画する。交通広場にはバスベイが1台分とタクシープール5台分を配置する。
・さらにキャンパス内は駐車場・駐輪場を現況台数分配置する。
・大学の交通エントランスとして、守衛室を配置し、効率のよい出入庫管理を計画する。

### 第二課題
「東京駅前丸の内広場改修整備計画」

設計条件
・現況のターミナル機能は保持する。バスベイ、タクシーベイ等の状況を調査して、同等台数を確保すること。
・駅舎の復元に併せて、丸の内広場もそれに調和するデザインが求められている。かつての駅舎、駅前広場、行幸道路の状態をサーベイし、設計に反映すること。
・緊急車輌が通過し、消防活動を行うことを考慮すること。
・地下利用その他あらゆる方法を可とする。

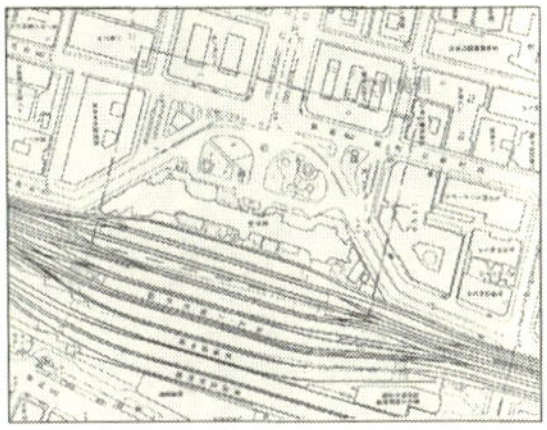

### 第三課題
「リビングブリッジの提案　－関東河川橋梁を対象に－」

対象とする橋
・隅田川橋梁
・多摩川橋梁

設計条件
・橋の持つ通過交通容量はそのままに、リビングブリッジの機能を付加させること。
・橋のクリアランスは現状を維持すること。
・橋詰め空間に配慮し、コンセプトに基づきポケットパーク等を計画すること。

### 参考課題（平成10年度）
「新宿駅東口　新宿大通りのトランジットモール・デザイン」

設計条件
・都心部の交通渋滞緩和および排ガス等の環境問題から公共交通システムの見直しが行われ、その一環として新宿東口にトランジットモール計画が決定されたと仮定する。
・駅前広場から伊勢丹の明治通りとの交差点部までを計画範囲とする。

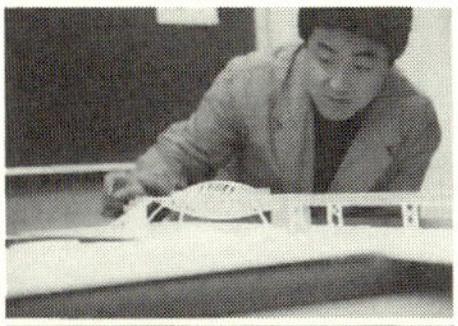

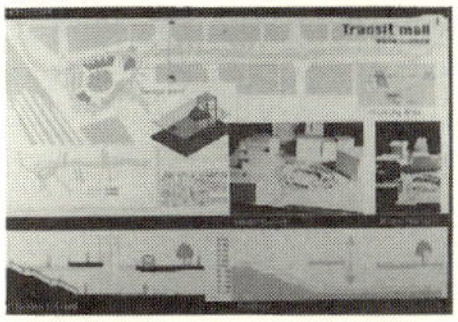


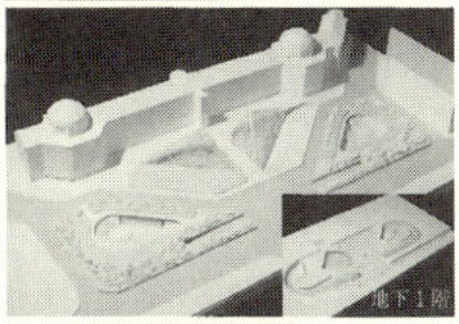

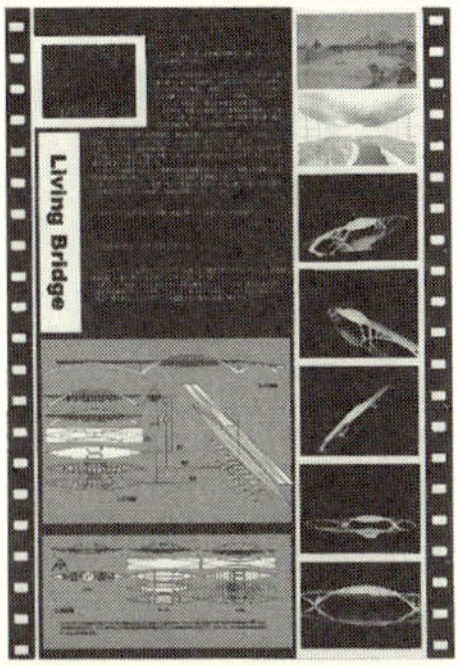

図14　景観設計

## 講義のねらい（4年次　前期火曜日3時限）

構造計画・設計とデザインは本来一体のものであるが、分割して考えられがちなのが現状である。ここでは構造的検討と形の提案を一体に行うという考え方を習得することを目的として、まず第一に比較的単純な構造物として歩行者専用橋を課題とし、第二課題には、立体的な駅前広場の設計を求める。

## 課題とスケジュール

### 第一課題　「船橋キャンパス　交通試験路人道橋の設計」（3～4名で1グループ）

日本大学船橋キャンパス校内の交通試験路を河川と見立てる。つまり橋を架けなければ、日大前駅と大学キャンパスがアクセスできないと仮定する。この問題を解消するための人道橋を設計することとする。

なお、交通試験路を河川と見立てる場合の、河川の規模（水量・水質・水深等）は自由だが川幅は交通試験路の範囲内であることとする。

また、歩道周辺部も設計範囲とし、そのアクセス・アプローチも考慮すること。

スケジュール

- 第一回　出題と敷地見学
- 第二回　設計意図、空間コンセプトの提出
- 第三回　構造計算講義
- 第四回　橋梁模型提出
- 第五回　最終提出と評価・講評

最終提出物

・設計意図の説明資料
・空間コンセプト図
　動線構成、視線の関係、空間の意味等の設計ポイントをグラフィックに表現すること
・橋梁の平面図、断面図、側面図等
・橋梁のデザインコンセプトおよび構造形式
以上の4点をA1パネル数枚にレイアウトすること
・橋梁模型（計画模型1/500程度、構造模型1/100程度）
・構造計算書（A4版レポート用紙・枚数自由）

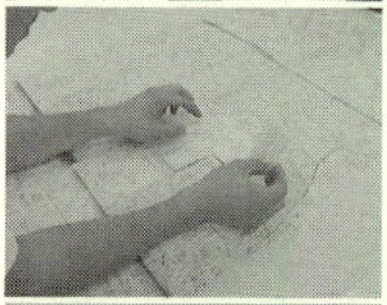

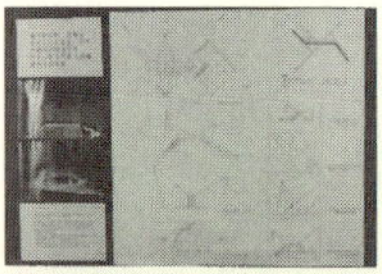
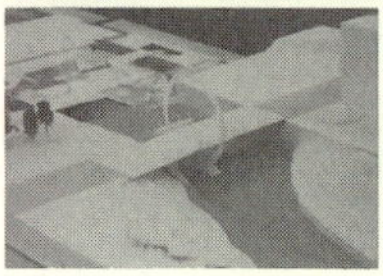

### 第二課題　「ＪＲ西船橋駅南口　駅前広場とペデストリアンデッキの設計」（6～8名で1グループ）

西船橋駅は都心から時間距離で２０分。鉄道路線として総武線・地下鉄東西線・武蔵野線・京葉線・東葉高速鉄道が乗り入れ、また東京圏東部の都市計画幹線道路１０路線のうち、７路線が集約されている。つまり、交通・流通の結節点である。このため、1969年の「船橋市総合開発計画書」では、西船橋駅について「駅前広場を整備するとともに、周辺に百貨店、ビジネスホテル、共同店舗ビルなどの土地の高度利用を図る」とされている。

さて、現在西船橋駅前はどうだろうか。北口は都市計画事業により駅前広場が整備済みである。一方南口については、駅前に通じる都市計画道路が未整備で送迎車のアクセスが悪い。

今回の課題は、以上のような実状のもと、西船橋駅前の活性化および駅前広場の利便性の向上のため、JR西船橋駅南口駅前空間のデザインを行うものである。

広域的視点（都市間競争）からみたときの西船橋駅南口のアイデンティティは？（ライバルは西船橋・津田沼・幕張？それとも浦安？）

西船橋駅北口とのアクティビティ・景観面での相違を明確に出す。これは構造デザイン面につなげることが望ましい。

ペデストリアンデッキの設置を必要条件とする。

都市計画道路（幅員22m）は計画条件に入れ込むこととする。

スケジュール

- 第一回　出題と敷地見学・現地写真
- 第二回　WS手法（KJ法）によるコンセプト作成
- 第三回　設計意図空間コンセプト図、概略模型提出
- 第四回　橋梁模型・構造計算書提出、構造計算講義
- 第五回　最終提出と評価・講評

最終提出物

・設計意図の説明資料
・空間コンセプト図
　動線、視線の関係、空間の意味等の設計ポイントをグラフィックに表現すること
・平面図、断面図、側面図等
・デザインコンセプトおよび構造形式
以上の4点をA1パネル数枚にレイアウトすること
・橋梁模型（計画模型1/500程度、構造模型1/100程度）
・構造計算書（A4版レポート用紙・枚数自由）

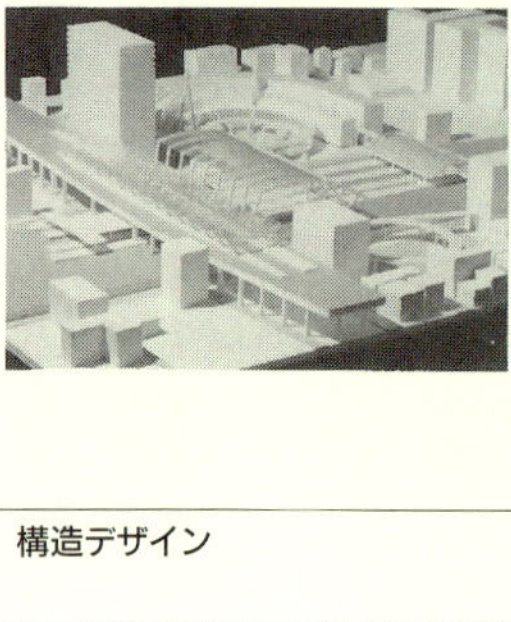
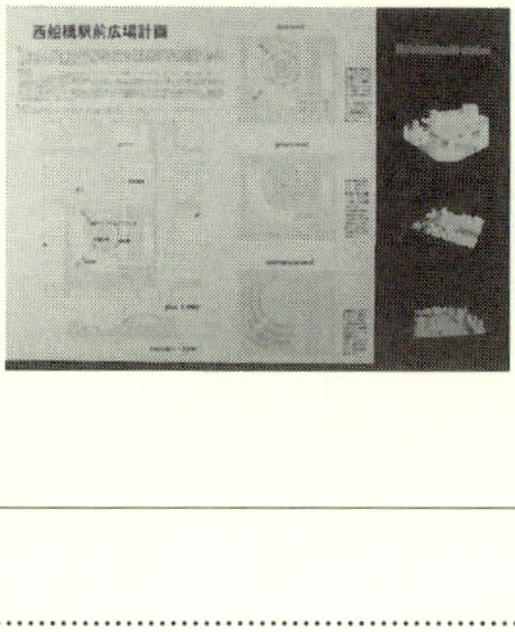

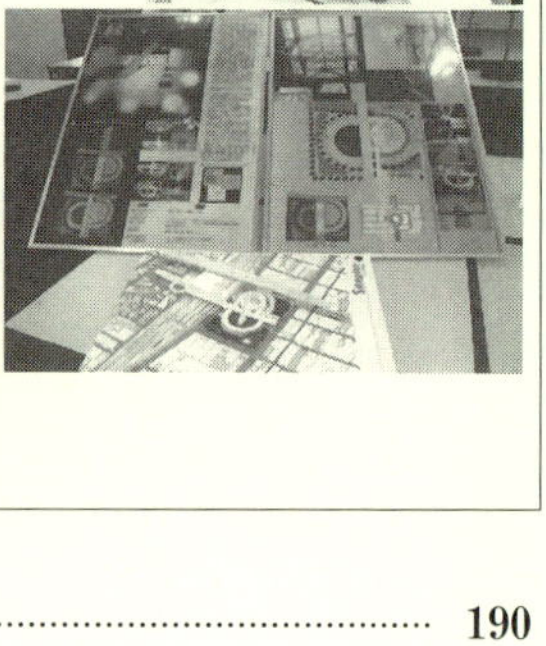

図15　構造デザイン

授業でも、一昨年よりコンピュータ・リテラシが必須科目となったが、ＣＡＤ、３Ｄのレベルには及ばない。やはり、コンピュータの達人らの研究室におけるリードは今までどおりに大きい。

一方、教材、特に透視図の作成プロセスの解説には、パソコンを利用しての教育効果は大きい。具体的なソフトとしてパワーポイントを採用し、限られた時間のなかでのデザイン教育に大きく貢献している。

さらに夏休みの課題では、昨年初めての試みであるが学生が現地に行くことが困難なスペインのカラトラバの橋をテーマにした。最先端のデザインを自らの手で実際につくってもらいたいとの願いからの出題であった。課題制作に必要な多数の写真や各種図面を研究室のホームページに掲載して地方の帰省地からでも豊富なデータを入手できるシステムもできた。

また、学生、大学院生は研究室での創作活動とは別に、個人でまたはチームを組んで、さまざまなデザインコンペに果敢にチャレンジしている。

その成果の一端を紹介したい。

第一〇回建築環境デザインコンペで、川野周君が「水有情都心構想」で学生賞受賞。
第九回タキロン国際デザインコンペで、玉崎修平君が「非都市」で三等受賞。
第三三回セントラル硝子国際コンペで、玉崎修平君が「立体都市公園」で最優秀賞受賞などである。

このように、いろいろな場面で自信をつけてきた学生たちをたいへんたのもしく感じる昨今である。今後、このようにデザインを学んだ土木系学生が、行政や現場の技術者としても巣立ち、土木のデザイン化に貢献し、ひいては土木と建築の融合の起爆力となることを期待している。

# あとがき

一九九〇年五月、日本大学理工学部の海洋建築工学科在籍中、『海洋空間のデザイン』を出版した。建築学科から移籍して一〇年め、無我夢中で新しいフィールドとなる海洋空間についてまとめたものである。出版に際しては学生にとって、新しい学科にふさわしい教科書がほしいという願いからであった。この出版から二年後、私はまたしても交通土木工学科へ移籍することとなった。

建築学科、海洋建築工学科、そして交通土木工学科と、リ・コンストラクションを繰り返してきたが、一貫してデザイン教育を担当してきた。交通土木工学科への移籍は、ちょうどキャンパス内に請願駅を建築すべくその設計を進めていたころでもあり、さらに土木デザイン教育の実験的スタートを推し進めたいという交通工学科の先生方の熱意におされた結果である。建築学科から海洋建築工学科への移籍は、さほど負担は感じなかったが、それに比べ今回は海洋建築移籍当時の若さはなく、最後のリストラだと思った。……幸い「デザイン研究室」を開設していただき、私にとって未知への旅が再開した。

学科における一年生の製図法、二年生の実験、三年生の景観設計、四年生の構造デザインといった実技科目を通じて、土木系のデザイン教育がスタートした。教材については建築からの転用だけでなく、土木に対応できる独自の教材づくりからはじめた。限られた時間割のなかで、デザインの成果をあげなければならない。そこで必然的に、合理的なデザイン教育の方法が求められた。これにはデザイン製図を開設した当初から協力していただいた川口利之講師（川口利之建築設計事務所所長）に全面的に負っている。

ようやく土木系デザイン教育のアウトラインができ上がったと感じるようになったのは移籍六年め、私の製図法を受講した初めての一年生が大学院に進み修士設計をまとめたころであった。

恩師・小林美夫先生がポケットマネーで優秀な卒業設計・修士設計の学生に対して、個人的にデザイン賞を与えていたが、これが後に続く学生の大きな励みとなっていたように思う。私も恩師に習い、ささやかなデザイン賞をこの年からスタートさせた。

実技となる設計のデザイン教育と並んで、座学でもデザインを担当した。三年生の特別講義と都市デザインである。特に特別講義は、デザイン論として、土木、建築、さらにはランドスケープなど、幅広いフィールドを対象に歴史的な視点をもちながら今日的な話題なども取り入れて、幅広いテーマをスライドによって進めた。デザインを言葉として伝えるには難しすぎる。そこで、ビジュアルに理解が進められるよう二台のスライドが必須のアイテムとなった。

授業では、ベーシックなデザイン論とともに、当然さまざまな批判を加えなければならない。しかし、ただ批判だけでは力がない。自分だったらこうしたいという思いがエネルギーとなって、本書で取り上げたようなさまざまな構想や作品をまとめる原動力となった。このような視点から特に、交通的、土木的なコンペには積極的に参加してきた。さらに卒業設計、修士設計を通じてこの理念の具現化をさらに進めた。

一方、交通土木工学科移籍後も、建築学科の授業や、卒業設計、修士設計のアドバイスにかかわってきた。移籍したころ、すでに建築系の卒業設計におけるテーマのなかにも交通空間をテーマとする作品が多く見受けられるようになっていた。未来をまとめる学生の感性に、何の抵抗もなく土木と建築の融合への具現化が入り込んでいるのだと思った。また同時に、彼ら建築系の学生に求められた適切な教科書の不足を感じていた。このような建築系の学生にも本書が、交通空間や広く土木のデザインへの興味が増すものとして役立ってくれることを願っている。

第一章は、一九九七年「京都国際コンペ二一世紀・京都の未来」において提出した「京都ダイナミッククロスプロジェクト二〇五〇——JR地下化と水の道による歴史・自然都市の再興」を研究室が中心にマナベ建築設計事務所との共同でまとめた。特に交通計画全般については、東京商船大学商船学部流通情報工学課程流通管理工学講座の岐美宗博士の協力を得ている。コンペ提出後、藤井雅也君（現・日本国土開発）が卒業設計としてまとめた。

このコンペ提出の翌年、大学院の岩崎弘和君（現・ジャス・コンサルタンツ）がコンペの提案をベースに修士設計で京都を中心とした淀川水系の交通計画として「淀川・水の回廊構想」をまとめた。さらにこの年の卒業設計で、平野崇君（現・明治大学建築学科学生）と玉山敬人君（現・環境デザイン計画研究所）が大学院の岩崎君と共同でまとめた。

第二章は、修士設計「那覇アジア交易センター」として、川野周君が一九九七年にまとめた。

第三章のリビング・ブリッジは、研究室の三年生のゼミ生、羽根田健、鈴木裕介、南保崇君がまとめた景観設計の最終課題の作品を、私と伊東孝氏とで指導してリビング・ブリッジ展に出展した作品である。景観設計の指導にあたって、二人のほかに川口利之氏と小野寺康氏が加わった。

さらに横浜港国際客船ターミナル国際建築設計競技は一九九四年、マナベ建築設計事務所と建築設計事務所主宰の森田達也氏との共同で提出し、その後卒業設計として長谷川敦子君（現・渡辺・横浜コンサルタンツ）がまとめた。

ペデストリアン・デッキは、一九九八年に行われた「青森県総合芸術パークグランドデザイン」の応募案で、デザイン研究室とマナベ建築設計事務所との協力でまとめ、ペデストリアン・デッキについては四年生の佐藤学君が担当し、特に3Dの表現は彼のオリジナルといえる。

ストリート・ファニチュアは、一九九七年に行われた「大阪コスモスクエア・ストリートファニチュア・コンペ」に応募したもので、デザイン研究室、マナベ建築設計事務所を中心に伊東孝氏も加わった。

第四章は、船橋日大前駅の設計に携わった日本大学の教員を中心として日本大学設計グループを臨時的に結成した。土木を三浦裕二先生、構造を斎藤公男先生、デザインを私が担当して、その実務をパシフィック・コンサルタンツと眞鍋勝利氏をリーダーとしたマナベ建築設計事務所が行った。

また、地下鉄一二号線（大江戸線）のコンペが一九九〇年実施され、この日本大学設計グループとマナベ建築設計事務所と共同で応募して当選した。この結果、新宿西口駅と東新宿駅の設計が任され、マナベ建築設計事務所が実施設計を担当している。

「駅は駅舎でなく都市である」は、船橋日大前駅をさまざまなメディアで発表する過程でまとめたものである。特に初稿リストとして巻末にまとめたが、その内容は原型をとどめないくらいに再構成し、訂正・加筆している。また新京都駅の提案は、第一章で紹介した一九九七年「京都国際コンペ二一世紀・京都の未来」で提案したものである。

日本大学医学部創設七〇周年記念館（リサーチセンター）は、構想の段階から私が中心となり、構造は斎藤公男先生が、実施設計はマナベ建築設計事務所が担当した。

第五章は一九九六年、卒業設計として矢野孝喜君（現・ユニオン建設）と笹岡圭介君（現・山九）が「小笠原空港計画」としてまとめた。

私自身の卒業設計「小笠原計画」は、吉田敏清、中村光雄、新井進氏らとの共同作品となる。また、首都圏マルチモーダル・ネットワーク構想については、秋ヶ瀬リバーステーションを一九九八年に越川裕康君が卒業設計としてまとめ、現在この羽田空港についての検討を進めている段階である。この構想の一環となる東京駅セントラル・ステーション構想は、一九九九年、鈴木裕介君が卒業設計としてまとめている。

以上の方々の協力によって本書がまとめられたことを記して感謝申し上げる次第であり、本来これらの多くの人々との連名とすべきものと考えている。

土木学会において、初めてのデザイン教育のあり方を具体的に議論するワークショップが二〇〇〇年三月に開催された。これは景観・デザイン委員会（委員長：中村良夫氏、幹事：篠原修氏）

内に教育ワーキングを発足して、全国の土木系大学におけるデザイン教育の実態をアンケートによって把握したことがきっかけであった。

このアンケート結果から、教育に対する要請が高まっているにもかかわらず、実際にこれらの教育を行うことのできる人材は限られており、デザイン教育に対する方法論について見直しの必要があることを知り、このワークショップが企画された。

当日はモデル校として、京都大学（環境地球工学科）、熊本大学（環境システム工学科）、高知工科大学（社会システム工学科）、東京大学（土木工学科）、東京工業大学（社会工学科）、日本大学（交通土木工学科）が参加し、デザイン教育の現状を報告、引きつづいて後者四大学の学生による課題作品のプレゼンテーションと議論がなされた。当日、一〇〇人を超す参加者のうち半数近くが学生で、今後彼らの交流と積極的な行動からデザインの成果が生み出されることに期待したい。

まさに土木界におけるデザイン教育元年ともいうべき催しで、この成果は今後、土木のデザインを大きく方向づけるものと期待している。

そうした一方で、土木における「デザイン」がなかなか認知されないといった状況がある。特に、ここ数年来の建設業界における不況のなかで、土木デザインの活動の中心となるべき行政、そしてその具現化を図る土木系コンサルタント会社におけるデザイン部門の縮小、廃止が進んでおり、学生たちへの就職に大きく影響している。いずれにしてもこの危機を脱出するためには、土木と建築の融合を考えた魅力的な仕組みが建設業界全体のなかに構築されなければならないと思っている。そして、この危機脱出の活力に本書がなればとの思いが強い。

かつての同僚東京大学助教授・天野光一氏から土木のデザインを網羅するには、ダム論が不可欠との指摘をいただいた。いずれ丘陵地空間論をまとめるなかで取り上げたいと考えている。

本書を出版するにあたり日本大学理工学部建築学科の大川三雄専任講師にお世話になった。また草稿の段階で、同僚の伊東孝氏に読んでいただいた。また三浦裕二先生には本書で取り上げたすべての活動に指導的な立場から参加していただいている。特に交通土木についての免許のない私が、本学科で幅広い活動ができた原動力を先生にいただいたと考えている。

最後に根気強くお付き合いいいただいた彰国社の編集部のみなさん、模型写真の撮影は山本和清副手、また図版のうち特にデジタル情報の作成は江守央助手の尽力による。記して、皆様に心より御礼申し上げます。

伊澤　岬

二〇〇〇年九月一日

文化を探る」2000年
大林組プロジェクトチーム『三内丸山遺跡の復元』学生社、1998年
鈴木理生『江戸の街はアーケード』青蛙房、1997年
草柳大蔵「沖縄で学んだこと」建設業界2000年3月号
西沢健「都市の意思とストリートファニチュア」(20世紀・鉄の名作 I)川崎製鉄
青木仁『快適都市空間をつくる』中央公論新社、2000年
第四章
石井洋二郎『パリ』(ちくま新書)筑摩書房、1997年
中村良夫他座談「次世代の都市空間に向けて」建築文化1995年11月号
中村良夫「成熟時代のデザイン生産を想う」(特集インフラストラクチャーのデザイン)土木学会誌1999年11月号
日本大学理工学部理工学研究所「軌道空間都市設計研究TRA POLIS——ケース・スタディ目白—高田馬場間トラポリス」1978年
三浦裕二・伊澤岬他「中央線大改造計画と御茶ノ水駅舎構想」開発1989年5月号
東京都地下鉄建設「26駅のデザイン——都営地下鉄12号線環状部の基本デザインと応募デザイン」1996年
ピーター・ライス『ピーター・ライス自伝　あるエンジニアの夢みたこと』鹿島出版会、1997年
Jörg Schlaich, Rudolf Bergermann：Fußgängerbrüchen 1977-1992, ETH, 1992
第五章
杉浦一機「直行至上主義を転換し効率的な航空ネットワークへ」週刊ダイヤモンド2000年3月18日号
三浦裕二「望まれる飛行艇US-1Aの活用」(次世代へ所論・諸論)日刊建設工業新聞1997年8月20日
菊竹清訓・穂積信夫、二川幸夫写真『イーロ・サーリネン』美術出版社、1967年
穂積信夫『エーロ・サーリネン』鹿島出版会、1996年
『メガ・アーキテクチュア　ポール・アンドルーの新作』(SD 9505)鹿島出版会、1995年
『Paul Andreu』1, ARCAEDIZIONI, 1997
新井洋一編著「世界の空港」(別冊商店建築81)商店建築社、1996年
日経アーキテクチュア編『関西国際空港』日経BP社、1994年
終章
篠原修「土木における景観・デザイン教育」土木学会誌1991年3月号別冊
伊澤岬・三浦裕二・星埜正明・伊東孝・天野光一・中山晴幸・福田敦・川口利之・小野寺康・荻津修「日本大学理工学部交通土木工学科における景観・デザイン教育の実践」土木学会土木計画学研究・講演集No.18、1995年

## ■図版出典

第二章
図1　那覇港之図屛風：山城時計店所蔵／『江戸時代図誌24　南島』筑摩書房、1977年
図2　首里那覇鳥瞰図：沖縄県立図書館東恩納文庫所蔵／『江戸時代図誌24　南島』筑摩書房、1977年
図3　首里城航空写真：「INAX REPORT 110」1994年
図19　那覇軍港空港写真：『那覇軍港跡地利用計画』那覇市都市計画部・那覇軍用地等地主会、1996年3月
第三章
図11　岩手県営体育館：写真撮影＝大橋富夫
図12　岩手県営体育館：写真撮影＝大橋富夫
図45　さざえ堂断面図：小林文次博士作図
第四章
図22　船橋日大前駅：写真撮影＝栗原宏光
第五章
図12　フランクフルト空港：写真撮影＝ナカサ&パートナーズ／『世界の空港』、商店建築社、1996年

## ■初稿リスト

「土木と建築の融合を目指して——実務と教育からの試み」新建築1996年6月号
「インフラストラクチュアとアーキテクチュアの融合——次世代の駅空間を求めて」建築文化1996年6月号
「中央線地下化構想と御茶ノ水駅舎コンペ」(次世代へ所論・諸論)日刊建設工業新聞1997年4月16日
「土木と建築の融合の実践」(次世代へ所論・諸論)日刊建設工業新聞1997年5月28日
「駅は駅舎ではなく都市である——次世代の駅空間を求めて」SD 1997年7月号
「次世代の駅空間を求めて——建築と土木の融合」(建築設計資料46地域の駅)建築資料研究社、1998年
「船橋日大前駅」(ステーションフロントの現代的展望)鋼材倶楽部、1998年

## ■参考文献

序章

竹内良夫・内田祥哉・三浦裕二（司会）「国土づくりの心とかたち」建設業界 1994 年 1 月号

内田祥哉「新たなソフトウェアの領域を開く」（関西国際空港特集号）日経 BP 社、1994 年

岡村甫・岡田恒男「二一世紀の建築と土木」建築雑誌 2000 年 2 月号

野村歓・古瀬敏「人にやさしい建築」建築技術 1999 年 12 月号

三星昭宏・秋山哲男「ユニバーサルデザイン総論」交通工学 Vol.34 No.2、1999 年

第一章

樋口覚『川舟考　日本海洋文学論序説』五柳書院、1998 年

品川和子『土佐日記』講談社、1983 年

松村誠一他校注・訳『土佐日記　蜻蛉日記』（日本古典文学全集 9）小学館、1995 年

須藤利一編『船』法政大学出版会、1968 年

上林好之『日本の川を蘇らせた技師デ・レイケ』草思社、1999 年

大熊孝『洪水と治水の河川史』（自然叢書 7）平凡社、1991 年

西川幸治・高橋徹、穂積和夫画『京都千二百年』（上）（下）草思社、1998 年、1999 年

杉山信三『鳥羽離宮の苑池』（発掘された古代の苑池）学生社、1990 年

小林文次「鳥羽殿勝光明院について——平安時代における御堂造営の建築的一考察」（1944 年）小林文次博士主要論文集、1984 年

松浦茂樹「構造物と自然の調和——河川環境の原点を考える」そしえて 21、1991 年

松浦茂樹『国土の礎』鹿島出版会、1997 年

東京国立博物館ほか『国宝平等院展』朝日新聞社、2000 年

杉本宏『仮想浄土としての鳳凰堂と庭園——地獄と極楽』（国宝と歴史の旅 6）朝日新聞社、2000 年

伊澤岬『海洋空間のデザイン——ウォーターフロントからオーシャンスペースへ』彰国社、1990 年

ブルーノ・タウト、篠田英雄訳『日本美の再発見』岩波書店、1966 年

斎藤英俊、穂積和夫画『桂離宮』草思社、1993 年

大河直躬『桂と日光　日本の美術 20』平凡社、1964 年

田村喜子『京都インクライン物語』新潮社、1982 年

安藤忠雄『建築を語る』東京大学出版会、1999 年

港湾空間高度化センター「わが国における近代運河の実現可能性に関する基礎報告書」1995 年

三浦裕二・高橋裕・伊澤岬『運河再興の計画　房総・水の回廊構想』彰国社、1996 年

及川陽『異国の運河探訪』通信土木コンサルタント、1997 年

原田伴彦・矢守一彦編『浅野文庫蔵諸国当城之図』新人物往来社、1982 年

荻原一青画『日本名城画集成』小学館、1987 年

小島直子「二一世紀に遺したい日本の建築」建築ジャーナル 2000 年 1 月号

ロジャー・D・マスターズ、常田景子訳『ダ・ヴィンチとマキャヴェッリ——幻のフィレンツェ海港化計画』朝日新聞社、2000 年

第二章

伊澤岬・毛身究・山本和清「海城高松城を核とした高松港将来計画」日本沿岸域研究討論会講演概要集 No.2、1989 年

谷川健一他『琉球弧の世界』（海と列島文化 6）小学館、1992 年

吉川博也『那覇の空間構造』沖縄タイムス、1989 年

窪特忠編『沖縄の風水』平河出版社、1990 年

比嘉政夫他「アジア理解の道標」（NHK 人間講座　沖縄からアジアを見る）日本放送協会、2000 年

稲垣栄三「蘇った首里城正殿」（INAX REPORT 110）1994 年

福島清「首里城正殿《幻の琉球建築》が蘇るまで」（INAX REPORT 110）1994 年

高良倉吉『琉球王国』岩波書店、1993 年

高良倉吉『アジアのなかの琉球王国』（歴史文化ライブラリー 47）吉川弘文館、1999 年

SD 編集部『現代の建築家——象設計集団』鹿島出版会、1995 年

立岩二郎『てりむくり——日本建築の曲線』中央公論新社、2000 年

「日本列島を縦断する『お台場』現象の謎」WEDGE 1998 年 11 月号

第三章

ピーター・マレー/マリアン・スティーブンス編『リビング・ブリッジ——居住橋ひと住まい、集う都市の橋』デルファイ研究所、1999 年

中村良夫編著「新風景を求めて」広島市、1997 年

陣内秀信・岡本哲志「舟運を通して都市の水の

**伊澤　岬**（いさわ みさき）
1947年生まれ。1969年日本大学理工学部建築学科卒業、1971年大学院修了。建築設計事務所アトリエ・Kに入所、「東京薬科大学八王子新キャンパス」計画を主に担当して、1973年より日本大学理工学部建築学科助手、海洋建築工学科専任講師を経て1995年交通システム工学科教授（デザイン研究室）、現日本大学名誉教授。工学博士。
大学での二度のリ・コンストラクションで「建築」「海洋」「交通」「土木」の学際的建設工学の「総合化」とそのデザインをライフワークとして3.11復興プロジェクトに携わった。著書に『海洋空間のデザイン　ウォーターフロントからオーシャンスペースへ』（彰国社）、『運河再興の計画　房総・水の回廊構想』（共編著、彰国社）、『交通バリアフリーの実際』（共著、共立出版）、『観光のユニバーサルデザイン』（共著、学芸出版社）『京都・奈良の世界遺産　凸凹地形模型で読む建築と庭園』（実業之日本社）がある。
また、作品に「船橋日大前駅」（鉄道建築協会作品部門最優秀賞、運輸省鉄道局長表彰）、「地下鉄大江戸線新宿西口駅・東新宿駅」などがある。復興プロジェクトでは、「気仙沼復興まちづくりコンペ」の佳作案が実施原案となり、「旭市いいおかまちづくりコンペ」で佳作、「ジャパン・レジリエンス・アワード」（強靭化大賞）で最優秀賞（水上空港ネットワーク構想）、優秀賞（再生エネルギーによるZEB）、優良賞（防災施設）をそれぞれ受賞。

**交通空間のデザイン**　土木と建築の融合の視点から

2000年11月10日　第1版 発　行
2023年 3月10日　第1版 第6刷

著作権者との協定により検印省略

著　者　伊　澤　岬
発行者　下　出　雅　徳
発行所　株式会社　**彰　国　社**
162-0067　東京都新宿区富久町8-21
電話　03-3359-3231(大代表)
振替口座　00160-2-173401

自然科学書協会会員
工学書協会会員

Printed in Japan



製版・印刷：壮光舎印刷　製本：誠幸堂

ISBN 4-395-04015-2 C 3051　https://www.shokokusha.co.jp